JN146805

わたしの「不幸」がひとつ欠けたとして

高橋メアリージュン

Difficult? Yes.
Impossible? … NO.

MARYJUN TAKAHASHI

Difficult? Yes.
Impossible? ... NO.

Difficult? Yes.

Impossible? ... NO.

MARYJUN TAKAHASHI

はじめに

『Difficult?　Yes. Impossible? …No.
（それは難しいこと？　はい。それは、不可能？　いいえ）』

ひどく落ち込むことがあったときに知った言葉です。ガツンと心に響きました。どんなに難しいことだって不可能はない。「初めてのひとり」になってやろう。そしてとても納得しました。

同時に母の顔が浮かんだことを覚えています。

「お姉ちゃん、すごく悲しいことが起きたとしても、いずれは自分のストーリーになるの。いつか笑顔で人に話すときがくるよ」

母はよくそう言っていました。それを信じてこれまでもいろいろなことを乗り越えてきました。いま、これを書きながら「その通りだね、お母さん」、そう思っています。何が起きても、自分のストーリーになる――それが本書です。

30歳になり、本を出す機会に恵まれ、わたしに何が伝えられるんだろうと、考え、振り返ってみました。

現在、わたしは女優として活動をさせていただいています。

地元は滋賀県。オーディションに受かったのが15歳のときですから、およそ人生の半分を仕事に費やしてきました。ファッション雑誌『CanCam』のモデルとしてデビューして、18歳には専属となりました。そこから縁あって演技の世界へ。自分ではない誰かの人生を演じることができる女優という仕事に、夢中で取り組んでいます。

いまでもこの「芸能人」という華やかな世界でお仕事させていただいていることが、自分のことのようには思えません。むしろわたしに身近なのは、お金はないけれど優しい愛のある家族の中にいる自分です。質素な食卓、ダイニングテーブルは6人掛け。母だけは背のないスツールに座っていました。

中学生の頃です。裕福だった実家の事業がうまくいかず倒産。高橋家は一気に貧乏生活に突き落とされました。町内で引っ越しを2回。そのたびに居住スペースは狭くなり、闇金からの電話におびえて生活していたこともあります。

当時の借金はまだ返済しきれておらず、いまでもわたしたち4人きょうだいはそれぞれ自分の稼いだお金をすべて高橋家に渡しています。よく周囲からは驚かれる高橋家の事実です。

家族に関する悲しいニュースが流れる毎日。家族の関係性が希薄になったと言われている昨今。もったいないなあと思います。高橋家は経済的には恵まれない生活なのですが、お互いに何よりも恵まれた愛情と、信頼があります。

もし仕事か家族か？ と問われたら、

「家族を取ります」

と、堂々と言えるほどわたしは家族のことが大好きです。

貧乏生活があって家族の結束がより深まったのかもしれません。そうだとしたらお金がなかったことも良かったんだ、と思えます。

信頼できる人がいる。愛してくれる人がいる。愛したい人がいる。その事実は人を強くする、と思います。お金がないことを不幸に感じないくらい。

他人から見えた「不幸」は、必ずしも本人にとっての「不幸」ではないのです。

こういう話なら、わたしにも書けるかもしれない。

振り返ってもうひとつ。わたしには伝えたいことがありました。大きな病気を

2回、経験して感じたことです。

ひとつは2013年の潰瘍性大腸炎。
もうひとつは2016年にかかった子宮頸がん。
お芝居という仕事をしながら、病気と向き合った経験は、同じような思いをしてほしくない、という気持ちや、同じような思いをしたとしても前を向ける現実があったことを伝えたい、という思いを持たせてくれました。

正直に言えば、これらの経験を言葉にしてしまうと、周囲から誤解を受けるかもしれないという思いもありました。

「体調、大丈夫？　無理しないでね」

と妙な気遣いをさせてしまうことになるのではないか。

「病気のイメージがあるからこの役はね……」

そんなこともあるかもしれない。

でも、一方で病気になる前に知っていれば、やっていれば、考えていれば、と思うこともたくさんあったのです。本を作らせてもらうのに、それを書かないでどうするんだ。なんだか勝手に使命感みたいなものを感じました。困難なことを乗り越えてきたからこそ、この経験をメッセージとしてみなさんに届けられるのではないかと思ったのです。


最近、家族と連絡を取っていますか？

家族と過ごす時間を大事にしていますか？

家族じゃなくてもいい。大切な人、信頼できる人はいますか？

体調、大丈夫ですか？

何もなくても検査には出かけていますか？


わたしにはこうでありたい、という理想の自分があります。

「わたしと会った後に、また会いたいと思ってもらえる自分でいる」

スキップしたくなるような気持ちになってほしいな、って。

困難なことではあったけれど、不可能なことではなかった。そんな過去を少しずつ乗り越えて、一歩一歩、理想に近づきたいなと思っています。

わたしがこの一冊に託したメッセージが、ひとつでも多くみなさんに届くことを願って。

CONTENTS

CHAPTER.3

演技に生かされて

CONTENTS

CHAPTER 1

幸せについて考える

MARYJUN TAKAHASHI

Word.

/

01

つらい経験は、
優しさを与えてくれる

例えば、自分の人生の「不幸」がひとつ減ったとしたら。

もっといい人生だった。

そう思うのはふつうだと思います。

わたしはどうだろう……。


家に借金がなかったら。

悲しい別れがなかったら。

潰瘍性大腸炎にかからなかったら。

子宮頸がんにならなかったら……。


これから詳しく書いていくことになりますが、わたしの人生は他人から見るとけっこう、不幸みたいです（笑）。30歳になり、自分の人生を振り返ってみると、確かに面白い人生を送っているな、と思います。自分のことでなければ、「壮絶！」と思うのかもしれません。

かもしれません、と書いたのはわたし自身がそう思っていないからです。

もちろん、人並みに悩んできたし、いまでも失敗したな、と思うことはたくさんあります。つらいなあと思うことだってないわけじゃない。

でも、だからといって、その「過去」があったことでいまのわたしが「不幸」か、と言われると、はっきりとNOだと答えられます。

だから、不遇に対して後悔をすることはありません。そもそも、あんまり「不幸」だと思わないようにしているというのもありますが。


例えば、潰瘍性大腸炎のピークは、『るろうに剣心』という映画を撮っているときでした。病名だけを見て、この病気の深刻さにピンとくる人は多くはないだろうと思います。けれど現実は過酷なものでした。

自己免疫疾患のひとつと言われ、ふだんは体を守ってくれるはずの免疫が、間違って正常な箇所を攻撃してしまう。わたしの場合は、それが大腸で、オムツが欠かせない状態になりました。

食事も喉を通らず、水も飲めない。

撮影中、体重は10キロも減り、まっすぐ前を歩くことすら困難――人生で初めて「降板」の二文字が脳裏をよぎりました。当時を振り返ってマネージャーや妹が「生死をさまよっていた」と言ったほどでした。

いまでは病気を克服し、ふつうの日常生活を送れるようになりましたが、あのときは本当につらかったことをよく覚えています。

ただ、そんな経験でもわたしにとってはかけがえのないものだったと、いま感じています。

もちろんなければなかったでいいんでしょうけど、病気を経験したことで、人の体調に気を遣うことができるようになったし、人がどんな気持ちでいるのか、考えられるようになりました。

人から見た「不幸」があったからこそ、それを乗り越えようとする意思を持ったときに、ものすごいパワーを発揮できることを身を持って体験してきたし、人の痛みが分かるようになれた、と思います。

それは優しくなれた、ということだと思うのです。

MARYJUN TAKAHASHI

Word.

/

02

お金がないことが
不幸なのではない。
それを不幸と感じることが
不幸なのだ

わたしが中学1年生のときに、父が経営していた牛乳屋が倒産しました。長男が小学6年生、次女・優(ゆう)は小学4年生。末の弟・祐治(ゆうじ)はまだ7歳の小学1年生だった頃です。

いたって、ふつうの家族でした。両親と4人の子ども。笑いの絶えない家庭。人並みに喧嘩をするきょうだい。妹とはよく喧嘩をした覚えがあります。違いがあるとすれば、多少、裕福なほうだった、ということかもしれません。

5月の休日。

滋賀県に暮らしているわたしたちにとって、湖畔は楽しい遊び場のひとつでした。

「今日はみんなで琵琶湖でも行こか」

父の一声で、家族6人は車に乗り込みます。きょうだい4人はただ遊びに行くものだと思って、はしゃぎっぱなし。いまふと考えるのですが、あの車内で両親は何を思っていたのでしょうか。

琵琶湖に到着すると、ピクニック気分のわたしたちは「石跳ねさすやつ」を始めました。小石を投げ、水面をはじく遊び。水切りをわたしたちは「石跳ねさすやつ」と呼んでいました。

何回水面をはじいたか、競い合いながら興奮していた、そんなときです。

「ちょっとみんなこっちに来てくれるけ?」

父が声を掛けました。何も予感していないわたしたち。特別な違和感もなく、ただ指示に従ったように思います。家族6人が集まり、輪になって父のほうを見ていました。

「今日はな、大事な話があるんや。いままで、お父さんがやってきた会社が潰れてしまったんや。お父さんの力不足でな、申し訳ない。だからいままでのような暮らしはできひんし、経済的なことでみんなに迷惑をかけることもあるかもしれへんけど、みんな一緒に頑張ってくれるか?」

笑いの絶えない家族。父こそがその中心でした。笑顔で笑いジワのイメージしかない父の不安そうな目。初めて知る顔でした。

父の横にいた母は、気丈に振る舞っているように見えました。

このときわたしは初めて、父と母と同じ場所に立っているんだと思いました。不安とかそうしたものより、変な言い方かもしれませんが、「対等」になった、と感じたのです。

わたしたちは何も言えずに黙って話を聞いていました。そもそもまだみんな小さくて、現実感や危機感を持つほどには理解できていなかったのだと思います。大人になってから驚いたことがあります。このときの記憶があるのは長女のわたしだけかと思っていたのですが、ひとつ下の弟、3つ下の妹・優もこの日のことをはっきりと覚えていると言うのです。理解はしていなかったけれど、その先にある「何か」を感じ取っていたのでしょうか。

いずれにせよ、この「琵琶湖会議」――わたしはそう呼んでいます――は、いまにいたるまでの「高橋家にはお金がない」日々のスタートになり、またわたしたち家族にその意識をはっきりと植え付けることになりました。

高校生になってバイトができるようになれば、自分のお小遣いにするのではなく、自然と家へお金を入れていたし、社会人になってもそれは変わりません。

実際いまも、会社からいただいたお給料は、「高橋家」に一度入れています。そこから、両親がわたしたちに生活費として振り込む。この生活が15年近く続いています。

これを言うと、多くの人に驚かれるのですが、わたしにとってはふつうのことでした。そして、お金がない生活に不満を感じることもなかったのです。

きっと両親がわたしたちを大事にしてくれることを常に感じていたからなのだろうと思います。

「メアリーや他の子どもたちがそこまでする必要ある？」と言われたことがあります。確かに、ふつうとは違うのかもしれません。父に対し、注意をしたこともあります。

父が「死ぬまでにやりたい100のことリスト」を「家族LINE」で送ってきたことがありました（高橋家にはわたしがお願いして始めた「家族LINE」があります。その理由はのちほど）。その中のひとつに「仕事を引退して旅行に行くことが夢だ」という項目がありました。わたしは借金があることへの気持ちが先立ち、こう返信しました。

「それを叶(かな)えるにはお金が必要やなあ。そのためにはまず借金返さななあ。でないといつまでもこのままやろし、ウチはいつの間にかお金は子どもたちが入れるもの、という風潮になってるけど、子どもの『当たり前』を親が『当たり前』に思うのは違うしなあ」

わたしの言葉に対して、父がどう感じたかは分かりません。

でも、わたしたちは分かっているんです。

父も必死だった。いつでも人のために時間を使う人でした。子どもたちをなんとか無事に育てようという使命感でいっぱいだった。父も70歳になり、弱音も吐きたくなるだろうし、そういう気持ちになるのも理解できるのです。

だからわたしは、自分のことよりも先に亡くなってしまうであろう両親にできる限りのことがしたい。これは美談でもなんでもなく、それがわたしにとって一番の救いになるからです。家族の幸せこそがわたしの幸せなのです。

わたしは高橋家に生まれ育ってきたことをとてもありがたく、誇りに思います。借金のことだけを捉えて「高橋家は不幸だ」と思われたくない。むしろ、そのことで手にしたことがたくさんある、と伝えたいと思います。

家族で苦難を乗り越えてきているからこそ、結束が強まったのは紛れもない事実です。高橋家6人、それを日々感じながら過ごしています。離れた場所にいようとも、その存在が、いまを、未来を信じて生きる原動力になっています。

他人から見た「不幸」を不幸だと思ってしまうことが一番不幸だと思うのです。

MARYJUN TAKAHASHI

Word.

03

「欲」が浮かぶと、苦味に変わる

「不幸」だと思わなかったからといってお金がなかったことを美化することはできません。お金がないことで困ったことは確かにありました。


例えばいまでも、芸能界と聞くとちょっとビクッとしてしまいます。

とても華やかな世界、眩しい人々。その一方にある泥臭い部分や、生き馬の眼を抜く厳しい環境。わたしも強く惹きつけられながら、負けないようにと努力をし続けています。

有名になること。

スターになること。

売れることを誰もが目標にしていて、そのぶんいい暮らしができて……というのは当然のことなんですけど、「売れたものが勝ち」という世界の波の中にいると、その世界を信じきることも浸ることも簡単にはできない自分がいる。少し怖い。だからビクッとするのかもしれません。必死なのに変な感覚なんですけどね。


(派っ手な生活をしてはるんやろな〜)

中学生の頃、芸能界に対してそう想像を膨らませていました。なんとなくみなさんにもそういうイメージがあるのではないでしょうか。毎夜パーティーがあったり、飲みに行けばどこでもＶＩＰ待遇……。

実際にそんなことはなかったわけですが、それでもお付き合いはとても重要なものです。いろいろな役者さんやスタッフさん、仲間とのコミュニケーションは仕事にも役立つことがあります。

その点でわたしには苦い経験があります。

モデル時代からずっとお付き合いに行くことができなかった。もともと苦手なタイプではあったのですが、そういう自分の意志とはまったく関係なく、ただ行くお金がなかったのです。

上京してからいままで、実家にすべての収入を預け、そこからお小遣いをもらっているわたしは、何をするにも「節約」を心がける習慣がついていました。

だからいわゆる「芸能人」になったものの、生活は質素そのものでした。申し訳ない思いがこみ上げるのはモデル時代のことです。

「メアリー、今度誕生日パーティーをやるから来てね！」

声を掛けてくれるモデル仲間にわたしはいつもこう答えていました。

「ごめん、その日仕事で……。また別でお祝いさせてね」

実際に仕事があったわけではありません。パーティーに持っていくプレゼントを買うお金がないだけなのです。

たまに顔を出した食事会でも、食べながら、

（いくら払うんだろう……）

とドキドキしていたことがあります。特にみんながお酒を何杯もおかわりをしているときなんかは会を楽しむどころではありませんでした。

本当はおいしいものを食べることや会話を楽しみたいのに、そんな心配をしているからなかなかできない。

あるとき決断しました。だったら行かないほうがいい。自分にこの環境はまだ早すぎる。そうやって誘いを次々に断っていると次第に誘い自体も少なくなっていきました。

ファッションに関しても同じでした。モデル時代からいまもブランドさんからご厚意でいただく洋服はありますが、自分で高い洋服を買ったことがまったくありません。

買う洋服はたいていファストファッション。それすらもったいない、と思うこともありました。

リッチに暮らしている人たちをうらやましく思う、「貧乏コンプレックス」みたいなものがあった時期もあります。

（自由にお金を使うことができていたらもっと楽しいのに……）

ただ、わたしはそう思うと決まって家族の顔が浮かんで、罪悪感が生まれました。

「欲」って浮かんでくるとすぐに「苦味」に変わるんです。

MARYJUN TAKAHASHI

Word.

/

04

選択肢がないことは
得られるものが
大きいということ

派手な生活ができない代わりに手にしたものが「時間」でした。

特にいまは、空いた時間をトレーニングやレッスン、読書、体力づくりに当てることができています。仕事をする上で当たり前のことではありますが、台本を読み込むこともできるし、役作りのためにいろいろと試すこともできる。

わたしは、役をもらったら、演じるときに役立ちそうな「映像」をたくさん観るようにしています。例えばドラマ『コウノドリ』で産後うつに悩むお母さんを演じたときは、映画『ぐるりのこと。』や『ブルージャスミン』を観ました。

映画だけでなくドラマや「You Tube」でテーマに合った動画など、いろいろな映像を観ることで、想像力を掻き立て、表情などを勉強します。特に「本人」のリアルな姿を見ることができるドキュメンタリーは、空いた時間があればチェックしています。

演技には答えがありません。いかに役の人生を生きられるか、どんな心境なのか……考えてできるほど甘くはないことを知っています。だから、こういった時間は欠かせないものになっています。

また、『闇金ウシジマくん』シリーズで犀原茜（さいばらあかね）という闇金の女社長を演じたときにはこんなことをしていました。いろいろな過去を背負った犀原茜は食べ方も汚い。どうやったら汚く、恵まれない過去を表現できるのか、家でご飯を食べている間中ずっと試していました。こんなこと、外ではできないですもんね。

ときには事務所が主催しているレッスンにも参加しています。まだドラマなどに出たことがない、デビュー前の若い子たちがメインのレッスンなので、マネージャーさんからは「たまには休んでいいんだよ」と言われますが、そういうところにもたくさんの「演じる」ヒントが隠れている。

こうした有効に使える時間や、ポジティブに過ごせる時間がわたしの心を落ち着けてくれるのです。お金がなかったからこそ、得られたものでした。


ファッションも同じで、先になかなか服が買えないと書きましたが、わたしだっておしゃれはしたい。興味がないなんてことはない。特に雑誌のモデル時代は撮影現場や展示会で最新のアイテムに触れる機会が多く、物欲が刺激されました。男性とのデートで着ていく素敵な服がほしいなあ、と思うこともしばしば。あの頃は、モデルをしながら、レッスン漬けの毎日だったので、いつもデニムにラグランを合わせて、キャップとスニーカーという格好ばかりだった（笑）。デートに着ていけるような服なんてほとんどありませんでした。

心のどこかでそれができるお金がある仲間たちを「うらやましい」と思うことはあったと思います。でも、現実的にどうしようもないわたしがそれを悲しい、と思うようなことはなかった。クローゼットには必要最低限のワードローブがあるし、モデルをしていたおかげで着まわし術を身につけることができた。それは、自分を無理やりファッションに興味がない方向へ持って行こうとしている——そんな強がりだったのかもしれないけれど。

パーティーに行けなかったり、おしゃれができないことに悩んだモデル時代、その瞬間を後悔しないように、とこう考えました。

（モノはいつか使えなくなったりするけど、知識は違う。ずっと生き続ける。実力をつけよう）

人はモノの量の多さで人生の充実を感じているわけではないと思います。むしろ、いまを充実させることで、心も充実するのではないでしょうか。だからわたしは本当に残したいと思うモノしか買わないようになりました。

流行の服を着て、華やかなパーティーに出かけていても支えてくれる家族がいなかったらその楽しみは半減……いや、それどころかそれ以下になってしまうことが分かっているのです。苦味、ですよね。

30歳にもなって収入を家族に渡すことで、人より「できないこと」は多いのだろうと思います。それは変なのかもしれません。収入の面で言えば、わたしは人よりも選択肢が少ない。

でもそのおかげで自分がやりたいこと――演じるということ――にたくさんの時間を注ぐことができる。家族の愛おしさを感じさせてくれる瞬間を得ることができる。

出かけられなかったパーティーのぶん、レッスンをして、想像力を掻き立てて、たくさんのことにトライをしてよりよい演技を目指す。一番大事な人たちに対して、まっすぐに向き合うことができるのです。

似たような感覚を持つことってあるんじゃないでしょうか。他の人は持っているのに自分は持っていない。そこにストレスや劣等感を感じること。

もちろんそれはつらいことなんだろうけど、だからって「不幸」なわけではないと思います。

自分が大事にしたい何かのために、持たないことを納得できるか。選択できるか。

ただそれだけのことで、むしろ得るものがあるはずです。

MARYJUN TAKAHASHI

Word.

/

05

日々を輝かせるために「砂時計のような時間」を意識する

人生って本当に限られた時間です。

ものすごいセレブリティでも、貧乏でも、与えられた時間だけはみんな平等。

じゃあできればその時間を効率よく回して、有効に活用したい。

例えば仕事がある日、出かけるまでのわたしのタイムスケジュールを書き出すとこんな感じになります。

4時30分：起床
4時35分：体重計測、コンタクト装着、コップ一杯の水を飲む
5時　　：入浴、スキンケア
5時20分：現場用のおにぎりを握る
5時45分：準備完了
6時　　：現場に向かう

仕事がある日は出かけるまでの1時間半、毎回リズムはブレることはなく一定。

むしろズレてしまうと調子が狂ってしまいます。

仕事がない1日でもそれは同じです。オフ、翌日に撮影が入っていると、同じ

ように一定のリズムで過ごすようにしています。

7時　：起床、体重計測、コンタクト装着、入浴、スキンケア
7時半：発酵ジュースを作って飲む
9時半：ストレッチをしながら録画しておいた番組のチェックや映画鑑賞
10時　：トレーニングのためジムへ
12時　：ランチ
14時　：体のメンテナンス
16時　：帰宅して台本を読む
18時　：夜ご飯（体に負担を与えたくないのでこの時間にしています）
20時半：入浴
22時半：就寝

休みの日はほぼ、このリズムで生活しています。友人やきょうだいに話すと、

「そんなギッチギチのスケジュールやと、休んだ気にならんやん！」

と、笑われることがあります。確かに、独身女性らしい「遊びに行く」「デー

ト」とかそれっぽいスケジュールが見当たらない、傍(はた)から見たらなんの面白みもない1日ですからね。でもこれがわたしにとっては気持ちが安定するスケジュールなんです。

例えばトレーニングへ行こうとしていたのに、ハードさを想像してサボってしまったときは自己嫌悪に陥ります。ダラーっとしてやるべきことができなかった日は、寝る前に「もったいない」と反省する羽目になります。10代の頃、実家に住んでいたときは1日中ダラーっと過ごしていたこともありますが、特にここ5年くらいはまったくなくなりました。過ぎた1日はもう戻ってこない、その思いがわたしの背中を押してくれます。

もっとも、病気になるなどいろいろな経験をして、休むことも大事だ、ということはよく分かっているんですけどね。

わたしは時間に対する執着心が人より強いのだと思います。

死ぬまでの時間は砂時計のようだ、という感覚がある。いま、こうして原稿と向き合っている間さえ、死に向かっているのだ、と。

この感覚は、わたしの人に会うスタンスも変えました。

芸能界で仕事を始めたばかりの頃は、右も左も分からず、誰を信じていいかも分からない。あまり得意ではないパーティーや異業種交流会も、断る理由がないので参加していました。費用がかからなければ、という注釈付きですが（苦笑）。それが徐々に「会いたい人にしか会わない」ように変わりました。

気遣いするばかりの場所にいても、時間はただ過ぎていくだけ。20代前半のことですが、女友達に誘われて出かけると、知らない男性たちが待ち構えていたことがありました。知らない人たちだからか、なんだかとてもチャラく見えました。（この人たちなんだろう？　時間がもったいないから帰ろう）

自己紹介をすることもなく退散しました。一緒に飲んだ、とすら言われたくなかったんです。

振り返っても子どもじみた行為だったと思いますけど、これも時間を有意義に使いたいという気持ちからでした。30歳になったいまは、もっとうまく退散する方法を持っているんですけどね、たぶん。

最近では夜更かしをするぐらいならと、なるべく早く寝て、朝起きて散歩をしたり、本や台本を読むようにしています。でも早起きで得した気分になれるのだから『早起きは三文の徳』そのものですね。

時間に執着し、「残された時間」を感じるのは、子宮頸がん、潰瘍性大腸炎にかかったことも大きなきっかけです。ひとつ間違った選択をしたら〝死〟と隣り合わせだったのかもしれないという恐怖を体験してしまった。

もし死が自分だけではなく家族に降りかかってきたら……と思うと身震いがします。

当たり前ですが、両親はわたしよりも高齢。今日明日、亡くなったとしても不思議はありません。そう考えると「死」が怖くなる。きょうだいに対しても同じです。周りにいてくれる大事な人たちももちろんそう。

一緒にしたかったことも実行しなければただの戯言(ざれごと)で終わってしまうんだな、と思うと切ない。

だからできる限り、時間を使って「してあげたい」ことを実行するようにしているし、伝えたいことを伝えたい、と思っています。

「残された時間」という感覚はネガティブに聞こえるかもしれませんが、おかげで「生」を大切にできている気がしています。死んでしまえば、体も意思も存在しなくなります。でも、「心」は残された人たちに存在させることができます。そんな「心」を残せるような生き方をしていきたいと強く願っています。

「時は金なり」
「光陰矢の如し」

日本にはたくさんの時間に関することわざがあります。最近、本の中でも見つけました。

「きっとお前は10年後に、せめて10年でいいから戻ってやり直したいと思っているのだろう。
今やり直せよ。未来を。
10年後か、20年後か、50年後から戻ってきたんだよ、今」

いまも昔も変わらず、それだけ時間が尊いものだと感じられているのではないでしょうか。

わたしの時間に対する執着。もっと休みをゆっくりと取れるような、時間にとらわれない生き方への憧れの裏返しでもあるのかもしれません。いつかそうしてみたいな、とは思うから。

大切なのは「かけがえのない時間をどうするか」という選択をしているかいないか、だと思います。そこで休む、と思えるなんて本当に素晴らしい未来だな。

一分、一秒を大切に。その瞬間を充実できると思う選択をしたい。

わたしは欲張りなのかもしれません。

MARYJUN TAKAHASHI

Word.

/

06

「幸せ」を感じるために、
「幸せ」に気付く

それはわたしの30年間の人生の中で、最も過酷な日々のひとつでした。

２０１３年10月。わたしは潰瘍性大腸炎だと医師から診断を受けました。

お酒もほとんど口にしないし、煙草(たばこ)も吸わない。健康だけが取り柄だった26年間にいきなり訪れた病。

潰瘍性大腸炎は体内で異常な免疫反応が起こる病気です。安倍晋三首相がかかられたことでその名前を知っている人もいるのではないかと思いますが、それでも実態についてはほとんど知られていません。本来であれば体を守るはずの免疫が大腸粘膜を攻撃してしまう。厚生労働省が指定する難病にもなっていて、わたしも医師から、

「一生付き合っていくことになる病気です」

そう宣告されました。


きっかけは血便でした。そして水分が漏れていく感覚。

どうしていいか分からず、とにかくインターネットで症状に当てはまる病名を検索しました。そして「これは大腸がんかもしれない」と、病院に駆け込んだのです。ですから、「がんではありません」と言われたとき、ホッとして「潰瘍性

大腸炎」という診断については深刻に感じることがありませんでした。

（大したことはないだろう、一生付き合っていく？　それなら絶対に治してやる。治った最初のひとりになってやる）

頭に浮かんだのは「Difficult?　Yes. Impossible? …No.」の言葉でした。


ポジティブに捉えられていたのは、耳慣れない病気だったというだけではなく、気合いが勝っていたこともあります。ちょうど『闇金ウシジマくん』がクランクアップした頃で、その後すぐに映画『るろうに剣心』の「駒形由美」役の撮影を控えていました。

朝ドラに始まった女優としての日々が少しずつ軌道に乗り、舞台、映画を経験。ついには熱望していた、本当に大好きな役柄「駒形由美」にたどり着いた。演じることの奥深さ、楽しさにわたし自身虜になっていたのです。

でも、現実は簡単じゃなかった。『るろうに剣心』の撮影が始まってからは、自分が自分でなくなるような日々が続きました。気合いはじゅうぶん。なのに……反比例するように体調はどんどん悪くなっていきました。

薬をちゃんと飲んでいるのに、度重なる腹痛、下痢が襲う。それはどんどんひどくなっていき、しまいには、1日20回以上もトイレに行くのが当たり前になっていました。

加えて慢性的な体調不良。腰、背中、首に、毎日、鉛を積み上げられていくような感覚。重たくていてもたってもいられない……。

特に、食事は大きな悩みでした。はじめはからいものが食べられない。食べるとすぐ便意を催す。からいものは刺激物ですから、あり得ることだろうと思っていたのですが、そこから何を食べても同じように苦しむことになります。脂っこいもの、アイスなどの冷たいもの……しまいには何も食べられず、白湯さえ口にできなくなりました。白湯を飲んだだけで、お腹が痛くなるのです。

(トイレに行きたい、すぐに行かないと漏れてしまう……)

耐え切れず漏らしてしまったこともあります。

(このまま、何も食べられずに消えてなくなってしまうのかな……)

食欲はもちろんなく、体重はあっという間に10キロ近く減っていました。

撮影中に幾度となく駆け込むトイレ。

下痢におびえて、お芝居中に頭が真っ白になってしまうこともありました。

痛くて、痛くて、痛くて、痛がる気力もなくなるくらい痛かった。

ついには、「降板」の二文字が浮かんできました。……悔しかった。あんなにやりたかった役なのに。せっかくたどり着いた「駒形由美」なのに。

(降板？　ありえない。治るよ、絶対に治る)

一瞬でも最悪の選択肢を思い浮かべた自分に悔しさしかありませんでした。


そんなわたしを救ってくれたのは、他でもない「駒形由美」でした。

「駒形由美」は強い人です。映画では壮絶なときを描いているけれど、「由美」にとっては一番幸せな時期でした。だから「由美」を演じる上で大切なことは、強さはもちろん、優しさや愛から溢れる色気、そして何より『幸せであること』なのではないか。そう思ったんです。

(「駒形由美」は愛する人のために、自分を盾にできるような強い女性だ。ここでもしこの役を諦めてしまったら、わたしは「由美」自身を裏切ることになる。それだけではない、原作の「由美」ファン、この役を演じたかった人たちも、共演者もスタッフもすべて。負けるもんか……そうよ、わたしは駒形由美！)

「駒形由美」が本当に乗り移ったような感覚でした。勇気付けられたわたしは翌日から、撮影中にオムツを穿(は)くことにしました。

出演者の中でも一番女らしい役ですから、抵抗がなかったわけではありません。

でも下痢におびえて、何度もトイレに行くことがなくなるんだと思うと精神的に楽になりました。

撮影後半、体調は落ち着いていき、無事クランクアップを迎えることができました。


つらい時間だったことは確かです。

近くにいた人たちは、

「本当に生死をさまよっている、って思ったよ」

と口を揃えます。

確かに体調的にはつらかった。

だけど、不思議なことに、わたしは「幸せ」を感じることができたのです。

支えてくれるポジティブなキャストがいること。

主役の佐藤健(たける)さんも、ずっと「絶対に治るよ、大丈夫」と声を掛けてくださいました。

家族や大切な人たちが癒しをくれて、その人たちが元気でいてくれること。

一緒に住んでいた妹の優は、撮影期間中、帰宅と同時に倒れ込むようなわたしをいたわってくれました。

「お姉ちゃん、マッサージするよ」

毎回、毎回そう言って、体をほぐしてくれました。心身ともに休む暇を見つけることができなかったわたしにとって大きな大きな癒しでした。これがなければ、次の日、体が痛くて起きられなかったと思います。


大好きなお芝居ができて、大変なときにこうやって役が大切なことを教えてくれること。

自分の体があって、ご飯を食べられること。

人とご飯を食べておいしいって言い合えること。

それはなんて幸せなことなのだろう。


当たり前だと思っていた日常の中に、実は数えきれないほどの幸せがあった。

それを幸せだ、ということに気付けたわたしは「幸せ者」だったんです。

—

るろうに剣心で駒形由美を演じたとき。
彼女にとても勇気づけられました。

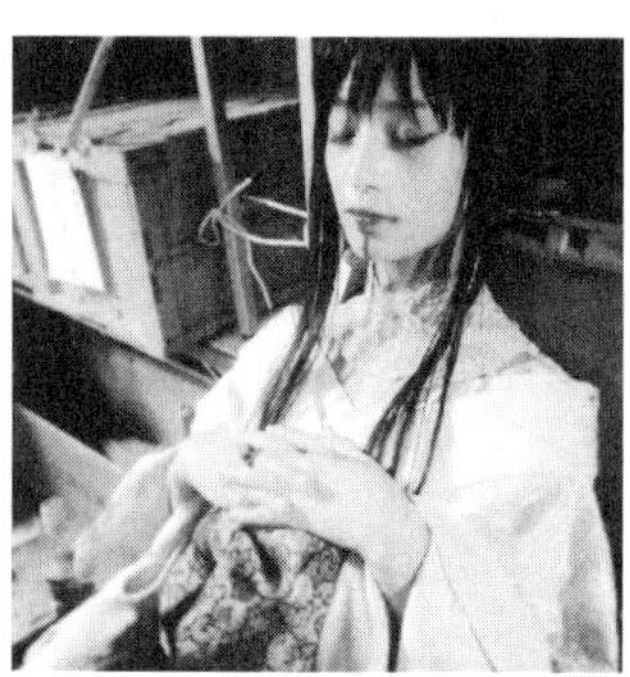

MARYJUN TAKAHASHI

Word.

/

07

光になりたいと思い、光を照らされる

オムツが欠かせない日々。

突然の腹痛におびえる瞬間……。

潰瘍性大腸炎との付き合いは続きました。


転機が訪れます。

わたしは潰瘍性大腸炎であることを公表していました。女性としてはデリケートな症状があります。イメージを大事にする職業ですから、わざわざオープンにする必要はない、という選択もありえました。でも、わたし自身が、いくつかの理由から公表したいと希望すると事務所の誰もが熱く応援してくれました。

公表の理由。

ひとつは、「最近、高橋メアリージュンは調子が悪くないか」と不審に思われるくらいならきちんと事実を伝えておきたかったということ。

もうひとつ最大の理由は、何よりも治ると信じてやまなかったし、そうなるならば同じ病気の人たちの励みになりたいと思ったから。

潰瘍性大腸炎は難病にもかかわらずとても誤解されやすい側面がありました。

お腹が痛い、下痢といった症状は、よくある病気にも見えます。子どもでもかかっている子はいて、彼・彼女らは、授業中にトイレに行きたいけどからかわれたくないからと我慢をしていたり、実際からかわれていたり、先生すら理解してくれていない、という現実がありました。

わたし自身その苦しみを経験しているから、想像するだけで心が痛みます。だからまずわたしにできることは、こんな病気があるんだと知ってもらうことだと思ったのです。きっと、理解してもらえるだけで全然違うと思ったから。

その上で、公表したわたしが病気を克服し、元気になればもっとみんなの励みになれる、励みになりたい、希望の光になりたい。

公表は想像すらしない方向へわたしを導いてくれました。わたしが救われた。事実を知った同じ病気の人、それからファンの人たちが次々に病気に関する情報を送ってくれたのです。主治医の話を聞いたり、いろいろと調べたりしてはいたものの、ひとりでは限界があったからとてもありがたかった。そしてその情報の中に共通点を見つけたのです。

個別に送られてくる情報。そこにある病院に行って治った、という人が複数いることに気がつきました。

（病院に行ったら治るかもしれない）

それは地方の病院でした。わたしは新幹線で人生初のグリーン券を買って、その病院がある地方に向かいました。

（今日は人生が変わる記念すべき日だ）

そう願を掛けました。

潰瘍性大腸炎の治療を専門にしているその病院では、漢方薬を使った治療が基本でした。まず10人くらいの患者さんに治療について講義をしてくれます。

「潰瘍性大腸炎になると肉やコーヒーを制限されますがそれはナンセンスです」

から始まって、1時間ほど聞くのですが、ほとんどがそれまで通っていた病院で禁止されていたことを問題視しないものでした。先生の話を聞いた後の患者さんたちは来院してきたときとはまるで別人のように、表情が明るくなっていました。

個別に診察もあって、その後はメールでのやり取りが続きます。毎日、排便の回数や状態を報告して月に1回ほどの漢方薬が処方されます。

漢方薬を飲みだして1週間後、体調が回復していることに驚きました。

わたしは医者の指示のもと、最初に診断されたお医者さんでもらっていた薬の服用をやめ、その病院の治療に絞りました。

（必ず、治る……）

そして1ヶ月後には、内視鏡検査をして病気が治っていることが判明したのです。同じ病気で、大腸全摘出手術を控えている方がいました。その方も、なんとこの治療法で回復し、手術を回避することができた。

ここで伝えたいのは、東洋医学にしなさい、ということではありません。人それぞれ、合う合わないがあります。

病気を公表して以来、ブログのメッセージを通じて、たくさんの患者さんとやり取りをしてきました。その中に、中学生のお子さんが潰瘍性大腸炎にかかり入院生活を送っている、というお母さんがいました。

彼女のメッセージには、

「息子の夢は、カフェ・ド・クリエに行くことです」

と書いてありました。

わたしは、自身の経験から病院のことをお伝えしました。「男の子を救える、カフェ・ド・クリエに行くという夢が叶えられる」――そんな気持ちで。

けれどお母さんからの返事にはこうありました。

「その病院にはだいぶ前に行きましたが、息子には合わなかったんです」

ものすごい無力感に襲われました。

いまでも、カフェ・ド・クリエを見るたびにその子のことを思い出します。

体は人それぞれ違います。自分が良くなった方法で全員が良くなるわけじゃない。

それでも、わたしが発信をすることで、少しでも情報が集まり、還元できればと思っています。

病院についてはあまり深く書くことができません。

もし、お知りになりたい方がいれば事務所かブログに連絡をください。わたしにできることはこれしかないけれど、少しでも力になれればと思っています。

MARYJUN TAKAHASHI

Word.
/
08

自分のことを
かわいそうだなんて、
ちっとも思わない

アシュリー・ヘギという女性がいました。

彼女は、わたしに大きな影響を与えた人物のうちのひとりです。

いました、と書いたのはすでに亡くなられているからです。

彼女は生まれたときから「プロジェリア症候群」という早老症のひとつに罹患(りかん)していました。肌が硬くなり、毛髪が抜け落ち、平均寿命は13歳と言われている病気です。

アシュリーは2009年に亡くなられましたが、そのとき17歳。プロジェリアの方の中では、とても長く生きたひとりだそうです。

わたしが彼女の存在を知ったのは、テレビ番組でした。すぐにファンになりその後、偶然書店でアシュリーの書いた本『アシュリー　～All About Ashley』(扶桑社)を見つけました。人の10倍もの速さで齢(とし)をとってしまう彼女が、どう考え、どう日々と向き合っているかを書いたこの本に、わたしは何度勇気付けられたでしょうか。

いまでも、いつでも手を伸ばせるように、枕元に置いています。

彼女はこう書いています。

『わたしのことをかわいそうだって言う人がいるわ。
でも、その人たちはわたしじゃない。
だから、そう言うんだと思う。
だってわたし、自分のこと、
かわいそうだって、ちっとも思わないもの。

そんなふうに言う人たちは、
わたしの存在を知っているかもしれないけど、
プロジェリアで生きるということがどういうことで、
わたしがどんなふうに感じているか、
知らないでしょ？
でもね、
プロジェリアって、そんなに悪いものじゃないのよ』

わたしと似ているかもしれない、と思ったのは彼女には信頼できる人がいたことです。愛し、愛してくれる家族。学校の友人。同じ病気で互いを認め合ったジョン。

信頼できる人がいることは何よりも日々を幸せに感じることができる助けになるんだと思います。

彼女とわたしを比べることはできません。病気について、わたしもつらかった、とかそういう意識でアシュリーを見ることもない。

ただ、彼女は大切なことを教えてくれます。

自分には自分の幸せがあって、あなたにはあなたの幸せがある。人から見た幸せか不幸せかなんて、気にする必要がないんだ、ってこと。

そして、信頼できる人がいることこそ、幸せを感じることができる最高の幸せなんじゃないか、ということです。

CHAPTER 2

信頼する人たちに囲まれている

MARYJUN TAKAHASHI

Word.

09

信頼したい人のことを知ろうとする

「高橋家」には、家族全員が参加する「グループLINE」があります。

これを始めた理由はわたしが家族のルーツをもっと知りたくなったからです。書いてきたように、人生の時間には限りがある「砂時計」のようだという意識が強いわたしは「この先、両親がいなくなってしまったら」とあらぬ想像をすることがあります。そうやって考えているうちに、両親について直接話を聞くことができる、知ることができる時間にも限りがあるのだと知りました。健在でいてくれるいまでないとできないことがたくさんある。

父や母はどんな両親に育てられて、どんな仕事をして、どんな友達がいて……当たり前のことですが、わたしは記憶がある時期からの両親しか知りません。わたしが生まれる前の両親のことを知りたくなり、わたしからお願いをして両親たちの歴史を送ってもらうようにしたのです。

父はうれしかったようで、毎日、長文を送って自分の歴史を語るようになりました。なるべくわたしも返信をするようにしています。他のきょうだいは3回に1回くらいですかね。なんせ、文字量が多いし、わたしが無理やりお願いしたことですから。

「LINE」はちょっと長いけれど、家族の歴史を共有できることが、わたしたちらしいなってなんだかうれしくなるんです。

もしかすると、こうした「グループＬＩＮＥ」での「歴史」のやり取りも、みなさんから見たら驚くことなのかもしれません。でも信頼できる人たちについて知りたい、と思うことはいいことなんじゃないか、とやってみて思います。

これからも、その歴史を紡いでいきたいし、わたしに新しい家族ができたときは、おじいちゃんやおばあちゃんについて話してあげたい。もう天国にいるわたしの祖父母の話を聞くの、大好きだったから。

共有した言葉が多ければ多いほど、知りたいと思えば思うほど、自分自身もより強く信頼することができるようになるし、相手もわたしのことを信頼してくれる。その存在があることは、人生のどんなときにもプラスに働いているように感じます。

ということで、わたしにとって「信頼できる人」である両親について書いてみます。

まずは家長である父。もう70歳になるので仕事は引退しましたが、ずっと牛乳屋を営んでいました。それがバブル崩壊のあおりを受けて、大きな借金を負ってしまいました。その借金をいま、子どもたちが働いて返しています。

繰り返し書いていますが、そのことに子どもたちが疑念を持ったことはありません。いまは貧乏かもしれないけれど、わたしが中学生になるまでは裕福な生活を送らせてもらっていました。それは父が頑張ってくれていたからであることをみんな理解しています。

父は優しさの塊のような人で、仕事から帰ってきて「疲れた」と言っている姿を見た記憶がありません。本当は疲れているはずなのに。いつも笑顔でいて、とてつもない大きな愛で家族を包んでくれる自慢の人です。

その愛情のおかげで、俗に言う「娘が父をうとましく思う」時期もなく育ってきました。ひょっとしたらわたしの理想のタイプは父なのかも。内心、ずっと思っていることです。

そしてフィリピン人の母。20代で9人家族を支えるために日本へ出稼ぎに来て、父と知り合い結婚しました。たくましくて、とてもポジティブでチャーミング。高橋家が借金を抱えて落ち込んでしまったときも、

「この出来事はいつかきっと〝エピソード〟になるわ！」

と笑っていたような人ですから。

わたしの座右の銘になっている、『Difficult? Yes. Impossible? …No.』も、彼女の存在があったからこそ、強く惹かれているのではないか、と思います。わたしは自分のことを「運がいい」と思っていて、それをいろいろなところで話しているのですが、その源は母なのだと思います。

家族の間では密かに「高橋家の5番目の子ども」とも言われる、やんちゃな一面も。優しい父に甘やかされてしまったのでしょうか。父も優しいですから注意するのはもっぱらわたしの役目です。

放っておくと夜中までフィリピンのドラマを見ているようなところがあるので、

「今日はテレビを見んと寝えやー」

と電話をしています。父の言うことを聞かないときは、

「そんなあやふやな態度じゃ、謝ったことにならへんから、ちゃんと（お父さんに）謝って？」

なんか、本当に子どもみたいですね。

我が家の食事は質素だったかもしれませんが、いつもみんなが笑っていた気が

します。母はひとり、背もたれのないスツールに座っていました。5人の食事をせっせと作り、よそう。動きやすいようにです。母の前に子ども4人が列をなして、順にご飯を口にいれてもらう、なんてこともありました。

いつか母からも母の歴史を聞いてみたいな、と思います。

MARYJUN TAKAHASHI

Word.
/
10

愛されているという信頼は、
「守るべきものがある」と
自分を強くする

両親に対して、強い思いを抱くようになったきっかけがあります。

あの瞬間、心に感じた痛みは自分の中でどれだけ「この人たち」が大事かを知らせてくれたのです。


わたしが中学生の頃。家庭内は借金問題に日々揺れて大変だった時期です。わたし自身もフラフラしているタイミングで、母親と口論になったときに髪の毛を引っ張られたことがありました。理由を覚えていないくらいつまらないことがきっかけでした。でも、感情的になっていたわたしはとてもひどい言葉を母にぶつけました。

「おまえなんてフィリピンに帰れや!」

言った瞬間、雷が落ちてきたような電流が、体中に走る感覚がありました。はっきりとその感触が分かるくらいの痛み、衝撃を感じた。それを聞いて涙をこらえる母を見て、さらにショックを受けました。

(なんてことを言ってしまったんや……、傷つけてしまった……)

いまでも鮮明に覚えています。

それからです、両親を労(ねぎら)おう、傷つけたくないという意識が猛烈に高まったのは。

感覚的に知ったのです。この先の人生においてこの人たちを傷つけることだけはしない。この人たちを傷つけることは、自分を傷つけることでもあったのだ、と。

ですが、それを頭の中で整理できるようになったのは大人になってからでした。本当に理解できるようになるまで、折に触れてわたしは大事な人を傷つけ、自分の心を痛める感覚を味わいました。もちろん、わたし自身のせいで、です。


中学生まで過ごした滋賀県。

通学していた中学校は荒れていることで有名でした。

学校前にはいつもパトカーが待機、授業中に爆竹が鳴るのは当たり前。窓ガラスも割れていました。道を歩いているとバイクに乗った同級生がパトカーに追いかけ回されている、そんな環境。

わたし自身が、不良と言われるグループと行動をともにしている時期もありました。上下スウェットを着て、コンビニエンスストアの前で「犀原茜」のような座り方をしていたのだから、不良のように見えたかもしれませんね。一緒にいる友達がしているし、わたしも髪を染めたかったたし「ニケツ」もしたかった。髪を染めたときは、親に気付かれないように家で帽子をかぶっていたこともあります。もちろん、ばれました。この顔ですし、よけいに「悪そう」と思われたかもしれません。ただ、親を裏切ったり、人の道に外れるようなことは絶対しない、と誓っていました。って、なんだか言い訳じみてて恥ずかしいですね。

とにかく、毎日が楽しければそれでいい、そんな感覚でした。

両親が怒ることはありませんでした。それが、中学2年生のときに大変な失態をおかしてしまいます。

わたしは警察に補導をされてしまったのです。理由は夜に不良仲間と街中をふらついていたという、なんともつまらないこと。

(やってしまった。怒られる……)

事の重大さが段々と分かってきて、心臓がドキドキしていました。ドキドキは、父が警察に迎えに来たその姿を見た瞬間、心臓を掴まれたような痛みへと変わりました。

「高橋メアリージュンの父です！　このたびはご迷惑をおかけして申し訳ありま

せん!!」

大きな声で、平身低頭の父。

そのままわたしを連れ、無言で車に乗り込みます。動き出した車中でも一言も口をきかない父。怒りがこみあげ、はちきれそうになっていることをはっきりと感じます。

「……ごめんなさい」

小さくつぶやくことしかできないわたしに、まくしたてるように言った父の言葉は強烈でした。

「恥ずかしいわ！　このまま車で事故を起こして一緒に死んだろか？」

いつもの明るい父の姿はそこにありませんでした。そしてその後の父の行動はわたしが心を入れ替えるのに充分すぎるくらいの効果がありました。

車はあきらかに自宅とは違う方向へ走っていきました。どこへ行くのだろう……止まったのは教会の前。

「降りなさい」

毎週末、クリスチャンの母が通う教会です。いつも家族揃って来ていました。でも、父だけは車で送迎をするだけで、教会の中には入りません。

「お父さんはええわ」

いつも日本男児然としていたそんな父が、わたしを引っ張って教会へ入っていくのです。

（お、父さんが教会へ？　嘘やろ？）

あっけに取られました。

誰もいない夜の静かな教会。コツコツと足音が響き渡ります。

父はいきなり十字架の前で土下座をしました。

「神様！　すんません、どうかこのアホを許したってください！　こんなアホやけどわたしの大事な娘なんです！　どうか、どうかお願いします!!」

涙声で父は叫んでいました。その姿はまたしてもわたしの全身を雷のような衝撃で貫き、忘れられない痛みを刻みました。

衝撃的な後ろ姿を見て、涙を堪えられなかったわたしは、この痛みを忘れまい、この人に喜び以外の涙を流させてはいけない、二度と……と誓いました。

「誰かに愛されている」という信頼は、「守るべきものがある」と、自分を強くしてくれることを知ったのです。

そんな両親に育てられたきょうだいのことにも少し触れたいと思います。

ひとつ年下の弟、長男。わたしと一緒に住んでいて、きょうだいの中で唯一〝一般人〟と呼ばれる人。デザインの仕事でご飯を食べていけるよう、日々奮闘中です。父親譲りなのか、ものすごく優しくて繊細な性格。

本当ならもう自立して独りで生活する年齢かもしれないけれど、なかなか姉の元を離れない。「しっかりしろ」と思いながら、頑張っている姿を知っているからわたしも突き放すことができません。でも一歩一歩前進しようとする彼を見ると、わたしも勇気をもらいます。彼が彼らしく羽ばたけるステージを早く見つけてほしい。姉バカです。

芸能界で仕事をしている3歳下の妹の優。美人で明るくて自由奔放そのもの。唯一の女きょうだいですから大の仲良しですけど、喧嘩をするときには激しくやりあいます（笑）。

末っ子。6歳下の祐治は、サガン鳥栖でサッカー選手をしています。寡黙なほうで（高橋家の中では、の注釈がつきますが）、余計なことは言わないぶん、態度で返してくれる男っぽさがある。母がわたしたち娘のところへ上京していると、頼んでもいないのに実家にいる父に会いに行ってくれる。きょうだいの中で一番安心して見ていられる存在です。

わたしは人前であまりストレートに感情を見せることがありません。

「メアリーのテンションが高いときっていつなの？」

と聞かれることがちょくちょくあるほど。

そんなわたしが平気で踊ったり、歌ったり、ふざけたり、感情をそのまま見せることができる唯一無二の存在がきょうだいです。

決してわたしのような人生を多くの人に送ってほしいとは思いません。でも、わたしのような幸せを感じる存在がいてくれたら、とは思います。


わたしにとって家族は「お互いで守り合うもの」。

父や母が守るでも、姉が守る、でもない。全員が全員を守るのです。親だからとか、男だからとかそういうことではなくて、大切な人を守るというのはみんな同じなんじゃないかなって。

わたしは家族がいることで悲しみを悲しく捉えることが格段に減ります。それから楽しいことがあったら、倍にして楽しく共有することができます。

MARYJUN TAKAHASHI

Word.

11

モノ、お金がなくても、みんなが笑っていたら楽しい

父が事業をたたむまで、高橋家は大きな家に住んでいました。「家」という言葉から思い出すのはこの、わたしが中学1年生まで住んでいた家で、まさに「家らしい家」だったのです。

京都で生まれたわたしは3歳のときに、滋賀県へ引っ越しをしました。父が働いたお金で建ててくれた新築の「お家」。2階建てで、1階には広いリビングと大きな和室。2階には4つも部屋がありました。

3歳のときなのに、なぜかとてもよく憶えているのですが、建てているところを家族で何度も見に行っていました。

一部屋はマイルームでした。わたしにとって家の中で一番好きな空間で、いつも自分できれいに掃除をしていました。

いつも訪ねてくる人がいて、週末になるとホームパーティが開かれることもありました。豪邸と言われる「お家」だったんです。

その家を引き払わないといけなくなったのは、「琵琶湖会議」の後。借金の返済のためでした。これ以降も町内を二度、引っ越ししています。当時は理由が分からなかった——というより、むしろ引っ越しというイベントを楽しむようなところがあったのですが、少しでも家賃の安いところが見つかると引っ越しをする、といったところだったのでしょう。そのくらい、経済状況は逼迫していたんでしょうね。

はじめの引っ越しは一軒家。自分の部屋がなくなりました。きょうだい4人でひとつの部屋。二段ベッドがひとつと、ふつうのベッドがひとつ。それだけで、もうパンパンだった。

それから同じ町内でまた引っ越しをし、いまの実家に落ち着きました。この実家、わたしが上京した後に引っ越した場所です。帰省したとき「ここが家やで」と父。「また引っ越してん」と申し訳なさそうに言った顔を覚えています。ちっとも気にしていないのに。

不思議なもので、あの昔の「家」に戻りたいって思ったことはなかったんです。それはもちろん、お金がないことで気を遣ったり、我慢することはあったんだろうと思いますけど、嫌だった、大変だったという記憶がない。

むしろ思い出すのは父の言葉です。

「貧乏でもみんなで笑ってたら楽しいな」

6人家族には手狭な家の中で、ふとした瞬間に父が洩らしたその一言はとてもよく覚えています。

それを聞いて、母も子どもたちも、

「そうやな、ワハハ」

とつられて笑顔になりました。

父からすればようやく言えた一言だったのかもしれません。でも、家族は本当に笑っていた。

「貧乏でもみんなで笑ってたら楽しいな」

それが正しいことなのかは分からないですけど、笑っていたら楽しい、というのは本当だよなあとしみじみ思います。


高橋家にはそんな思い出がたくさんあります。

わたしの芸能界デビューのきっかけである「横浜・湘南オーディション2003」を受けたときのこと。漠然とではあったけれど、芸能界に憧れを抱いていたわたしは、オーディションに応募をしました。書類審査です。そしてまさかの一次合格。二次審査へ進むチャンスを得ました。

と、ここで現実に直面します。一次にパスした人だけが知らされる二次会場は横浜。新幹線代がない……。仕方なく、両親に言いました。

「諦めるわー」

本当に仕方がない、と思ったんです。

その翌日。父が部屋へやってきて「車で良かったら送ってくで」。そしてこう付け加えたのです。

「家族旅行や」

びっくりですよね。どこまでポジティブやねん(笑)。

結局、いとこに車を借りて、高速代がもったいないからと、一般道で8時間。オーディション会場に連れて行ってもらい、わたしはグランプリを獲得することができました。いくら「家族旅行」と言われても、そこまでしてもらったのだから絶対に受からなきゃ、という気持ちになったのは言うまでもありません。

昔から変わらないのですが、高橋家はポジティブでよく笑う家族です。笑顔の持つパワーを信じている家族と言えるのかもしれません。

先に紹介した本の中で、アシュリーちゃんが書いていました。

『わたしは人前では悲しい顔はしたくない。
笑顔でいるとみんながハッピーになるでしょ。』

他にも借金を背負うようになって変わったことはたくさんあります。家が小さくなるのに比例するように食事内容も質素になっていきました。まるでドラマのような展開です。

毎年、家族でクリスマスをお祝いするのは多くの家庭の恒例行事だと思います。高橋家もそれは同じで、引っ越しをする中学1年生までは、父が大量に買ってくるケンタッキーのフライドチキンやケーキを楽しんでいました。サンタクロースからのプレゼントも楽しみのひとつでした。

そうしたイベントごとは「琵琶湖会議」以降、一気に色を変えていきました。引っ越してから訪れた、中学1年生のクリスマスに用意されていたメニューは卵が乗ったワンタン麺だけでした。

のちのち両親に聞いた話によると、ふたりはこのクリスマスの日を迎えることが、かなり不安だったそうです。それまでは他の家のように楽しいクリスマスだったわけです。ダイニングテーブルを埋めるごちそうに子どもたちが無邪気に喜ぶような。けれど、その日に用意できるのはこの、卵を乗せたワンタン麺が精一杯だった。

「こんなんで大丈夫かな？　大丈夫かな？」

夫婦で何度も確認しながら並べた「クリスマスディナー」。

かくしてわたしたちはと言えば……、

「うわー、めっちゃおいしそうなヤツやん！」

喜んで食べていました。いまでもよく覚えているくらいうれしかったんです。

理由は単純で、「ラーメンに卵が入っているヤツ」って「めっちゃおいしいヤツだ」という思いがあったから。

「純粋に子どもたちが喜んでくれてホッとしたし、すごくうれしかった」

母がのちに語ってくれた言葉です。

本当にごちそうだったんですけどね。

ちなみに、その年からサンタクロースが4人きょうだいの元を訪れることはなくなりました。

あ、何回かクランキーチョコレートが枕元にあったことがあったかな。あれ、大好きでした。


食事にまつわる話は他にもたくさんあるんですけど、妹の優から聞いた話は大好きです。わたしが中学3年生の頃です。実はこのとき、わたしはアメリカに留学をしていました。

日本にいた妹・優と一番下の弟・祐治が学校から帰宅すると、キッチンにひとりぶんのカレーがあったそうです。お腹が空いているふたりが、牛乳配達の仕事から戻って寝ていた父親に、

「お父さん、カレーあるし食べてや」

と言うと、父は笑いながら、

「お父さんもう食べてん。せやからそれはふたりで食べてやー」

そう言われて、ふたりでむさぼるように食べたのですが……。

ご想像のとおり、父はカレーを食べていませんでした。誰かが食べられるように残しておいたんだと思います。育ち盛りの子どもに満足な食事をさせてあげら

れていない、その思いで譲ってくれたのです。

後に母から真実を聞いた優は、感動のあまり、アメリカにいるわたしに電話をしてきました。わたしもそれを聞いて感動しました。


まだまだいろいろと話題は尽きないのですが、最近知ったことでちょっと驚いたことをひとつ紹介します。それはしゃぶしゃぶって「牛肉」がふつうなんだということ。わたしの家はいつも豚でした。それも、もやしが山盛りの。たっぷりのもやしでかさ増しをして、なんとか子どもたちをお腹いっぱいにしようと母が考えたメニューでした。


いまでも一番好きな食事、と言えば「家族で食べる鍋」です。

狭い実家の部屋に、湯気が立ち込めて、家族の声がその中を飛び交うような、あの雰囲気。おいしくないはずがありません。

あと高橋家で忘れてはいけないのが「ホロホロ」。

卵をといて、しょうゆ、塩を少し。それを熱したフライパンに入れ、お箸でかき混ぜ半熟の状態でお皿に移します。ご飯にとっても合うんです。ちなみに「ホロホロ」は父がつけたオリジナルネームです。
またあの実家の食卓を囲みたくなってきました。

MARYJUN TAKAHASHI

Word.

12

「ありがとう」は言い過ぎるくらいがちょうどいい

「メアリーってありがとうってよく言うよね」

最近、数少ない(笑)友達に言われたことです。言われるまで気が付きませんでした。どうやら、会ったらまず「来てくれてありがとう」とか、挨拶代わりに「ありがとう」と言ったりしているらしいのです。

「メールもそうだよ」と言われ、読み返してみると確かに毎回のように「ありがとう」と送っていました。

なぜだろう？　そう考えたとき、昔から両親に言われていた言葉を思い出しました。

「ありがとうは相手も自分も幸せになれる魔法の言葉」

両親の教えがあってたくさん使っていたんですね。

でも、「ありがとう」は本当に魔法の言葉だと思います。

わたし自身、言ってもらえるとものすごくうれしいし、「今日はいい一日だ！」と幸せな気持ちになります。そう言ってもらえるだけで「また会いたい」と思える。

「まえがき」に「わたしと会った後に、また会いたいと思ってもらえる自分でいる。スキップしたくなるような気持ちになってほしい」と書きましたが、このたった一言があるだけで、そんな存在に近づくことができるんじゃないか、と思えます。

そう言えば父はいつも「ありがとう」と言っています。

実家に帰ってきただけなのに、

「よお、帰ってくれたなあ。ありがとう」

電話の切り際に、

「話してくれてありがとう」

もう、お互いが「ありがとう、じゃあね」「うん、またな、ありがとな」と切るタイミングを失うくらい（笑）。

クセのようなものかもしれないけれど、それでまた会いたい、話したいと思えるのです。


ささいなことですが「ありがとう」は嫌なことがあったときに、それを「チャラ」にしてくれる力も持っていると思います。

潰瘍性大腸炎でお腹が痛い、一刻も早く家に戻りたいと思ってエレベーターに乗っていたときのこと。向こうからおばちゃんが叫びながら走ってきました。

「乗せてー」

「開く」ボタンを押し続ける時間の長いこと……滑り込むようにエレベーターに入ってきたおばちゃんに少しイライラしてしまいそうな、その瞬間でした。

「ありがとうね」

不思議なもので、「どういたしまして」と笑顔で言っていました。イライラがすっと消えたのです。


だから「ありがとう」と思ったら、たとえ知らない人にでもそれを伝えよう、と思っています。せっかく相手も自分も幸せになれる言葉があるんですから。

伝えないのは思っていないことと一緒ですもんね。


この本を読んでくれているあなたにも、ありがとうを。

MARYJUN TAKAHASHI

Word.

/

13

男選びは「脳を使え」?

先程も触れましたが、中学3年生の5月、アメリカのネバダ州ラスベガスへ1年間留学をしました。

この経緯は、人に話すとびっくりされます。

中学3年生になったばかりの頃です。学校から帰ると、珍しく父が家にいて、椅子に座っていました。そしておもむろに聞くのです。

「お姉ちゃん、将来は何がしたいん?」

「……別に」

本当は芸能界に興味があったけど、恥ずかしくて言えなかった頃です。

「せっかくお母さん譲りのかわいい容姿もあんねんから、もうひとつ何か特技をつけたほうがいいと思う」

父からダイレクトに外見のことを褒められたのは初めてでした。ちょっと気を良くしてしまう15歳の幼いわたし。けれどその後に続く言葉にはあっけに取られました。

「お母さんの妹がいるアメリカに行ったほうがいいんちゃうか」

「えっ……」

いきなり言われた頭にもないこと。

「お母さんの妹もいるし、留学したくてもできひん人もいっぱいいるんやから。恵まれてる環境やと思うんや」

もちろん、わたしにアメリカ留学をする気はありません。それでも父は、いろいろとメリットを話していました。スタイルを生かすために英語がしゃべれたほうがいい、とかなんとか……。

結局、わたしはその3週間後にアメリカに旅立つことになったのです。

決まっていたんですね、両親の中でわたしがアメリカに行くことは。

父がいろいろと話してはくれましたが、本当の理由は、経済状況が逼迫していたから、母が妹さん――叔母さんにわたしの面倒を見てくれるようお願いをしたのです。

数ヶ月後に迫った文化祭で、友達と歌を歌う約束をしていました。だから絶対に行きたくなかった。いやいやでしたけど、家庭の状況を思えばアメリカに行くことに納得はできました。

実際、行って良かったな、と思います。

1年間の留学で、ステイ先は叔母の家。

最初の3ヶ月間は叔母と一緒に英語に耳を慣らす練習をした後、9月に合わせて地元の学校へ入学しました。

すべて英語で生活していたので上達はだいぶ早かったみたいです。

日本では知らなかったことを異国の地はたくさん教えてくれました。

まず愛情表現を恥ずかしいことだと思わないこと。学校でも男子生徒が、

「I think you are so cute!（君可愛いね）」

とだけ言って去ることがふつうでした。

女性を褒めることが恥ずかしいことのような雰囲気のある日本育ちには衝撃的な日々。留学が終わる頃にはわたしも豊かに感情表現ができるようになっていました。とはいってもいま、日常的に使うことはありませんが（笑）。

叔母からも両親とは違った視点で、いろいろなことを教わりました。

いまシングルマザーとしてお子さんを育てているんですが、旦那さんとお金に関するトラブルが絶えなかったそうで、男性を見る目は厳しかった。

「Use your brain!!」

とよく言っていました。

直訳すると「脳みそを使え！」（笑）。

男性と接するときの鉄則なのだそうです。心も大事だけど、心だけで選ぶと後々大変なことになるから……、と。

わたしは異性、同性かかわらず「ガードが堅い」のですが、叔母の教えが影響しているのかもしれません。素直が一番である気もするんですけどね。


たった1年間でしたけど、見るもの、聞くものがすべて新鮮で刺激的な毎日は大きな財産になりました。日本にいたときとはまた違ったものがそこにはあって、ずいぶんと視野が広がったように思います。

本人が納得しないまま、やや強引に決まった留学。そこには両親からの、

「将来に向けて英語を身につけてほしい」

そういう思い以外に、

「緊張の張り詰めた高橋家で生活する毎日を少しでもやわらげてほしい」

という必死の優しさも込められていたと思っています。

ただ、この留学にもきちんとオチはついていて、日本の中学校の卒業式に出られませんでした。先生方も、その日だけは出てね、と言ってくださっていて、わたしもそのつもりで荷造りまですませていました。あとは叔母さんが手配してくれたチケットを持って日本へ向かうだけ……。郵送でチケットが届いたときのおばさんの声は忘れられません。

「オーマイガー！」

なんと、まったく別人のチケットが入っていたのです。あのときは珍しく泣きました。

MARYJUN TAKAHASHI

Word.

/

14

「人見知り」は最大の武器

人見知りはずっとわたしの悩みのひとつです。

例えば、撮影の現場で共演者やスタッフの方に話かけられたとき、会話が続かない。うまくしゃべることができない。

本心ではたくさんお話をしたいし笑いあいたいのに、カチコチになってしまうんです。なんだか居たたまれなくなってそっと部屋から出ることもしばしば。ひとつには、のちに書いている「役の人生、性格」に引っ張られているところがあるのですが、それにしても、わたしが言葉を発した後に沈黙が訪れたときのあの空気感は、「人見知り」を呪いたくなるほどです。

（ああ、また気を遣わせてしまった……）

（うわー、なんであんな話し方しちゃったんだろう……）

（笑って答えることができたはずなのに……）

治したい、治そうと思ってどのくらいの月日が経ったのでしょうか。

最近、その「人見知り」の違った一面が見えてきました。「人見知り」は治したほうがいいに決まっているのですが、「人見知り」だからこそ手に入れられたものがあることに気付いたのです。

誇れることではないかもしれませんが、わたしはあまり友達が多くありません(笑)。ただ、その数少ない友達に対してははっきりと、想い合っていることを感じることができます。何年も会うことがなくても、頻繁に連絡を取っていなくても、つながりを感じる。立場も環境も関係なく、再会をしたときには、まるで昨日も会っていたかのように、何も変わらない関係でいられるのです。

そのわたしの友達はみんな人見知りでした。

人見知り同士で打ち解けることができたとき、その関係はとても濃密なものになります。もしかしたら、なかなか破ることのできない殻のようなものを破ることできたからそんな感覚を覚えるのかもしれません。

そんな友達と会うときは、会った瞬間から涙が出そうになることもあります。うれしくて、言葉の一つひとつが愛おしいのです。

「また会えてうれしい」

「そのままでいてね」

顔面神経麻痺を患ったときに会った友達がいました。彼女は、彼女の大事な人の形見を手渡してくれて言いました。

「お守り。治ったら返してね。絶対に返してね」

そんなことを言ってくれる存在が、家族以外にもいたことをとても幸せに感じます。わたしにとっては大げさではなく、人見知りがもたらしてくれた運命の出会いに感じるのです。

社交性がある人には社交性があることで得た強みがあると思います。一方で、人見知りには人見知りの強み――武器になることもある。ずっと悩んでいたことで得たものはとても大きかったと感じています。

想いあっていると書きましたが、わたしの場合、「やってもらってばかり」です。サプライズバースデーに協力をしてくれたり、素敵なプレゼントをくれたり、大切な言葉をもらったりしているのに、わたしはまだ全然返せていません。仕事と重なってしまってお祝いを一緒にできない、プレゼントを買えない……なかなか追いつけないけれど、愛で一生をかけて返したいなと思っています。

MARYJUN TAKAHASHI

Word.

/

15

どんなにつらい経験でも、いつか「ストーリー」になる

2014年、映画『闇金ウシジマくん Part2』で、闇金の女社長・犀原茜を演じました。すごくエキセントリックで、怖い女性だったのですが、わたしにとって忘れられない役です。特に、この役でわたしの名前を憶えてくださった方も結構いたようで、ありがたい限りです。

でも、実はこのお話が来たときにわたしは、複雑な思いでした。

(闇金の役……なのか)

役をもらえたうれしさと同時に込み上げてくる躊躇い——そして恐怖。それはわたし自身が実際に闇金で怖い思いをした経験が理由です。

父の経営していた会社が倒産した後のことです。

自宅に頻繁に電話がかかってくるようになりました。決まって午後でした。

でも両親は電話に出ようとはしません。

「お父さん、電話出えへんの?」

「……放っとき」

いつも、ダジャレばかり言っている父が、神妙な顔をしていました。

狭い自宅に電話のベルが響き渡ったまま、夜はふけていきました。

電話の音がうるさかったわけでもないのに、家の中にあきらかに緊迫した雰囲気が流れました。

後日、誰もいない家に学校から帰宅すると、また電話が鳴りました。

（出たほうがいいんやろか？）

迷っているうちに留守番電話に切り替わります。そしてスピーカーから聞こえてきたのは、

「オラ！　高橋！　おるんやろ？　電話出ろや!!」

という男性の罵声。

闇金からの催促でした。よくテレビで見ていたシーンから連想して、中学生のわたしにも「両親が借金の取り立てに追い回されている」という事実が理解できてしまった。

恐怖のあまり、ぼうぜんと立ち尽くしていました。あまりに現実感がなかった。

（どうしよう、この人たちが押しかけてきたら……。いや、お父さんやお母さん、きょうだいたちに何かあったら……）

幸いなのかどうか分かりませんが、家で取り立ての人を見たことはありません。

ただ、単純に危害を加えられるんじゃないか、という恐怖があったことは克明に覚えています。

それからもわたしが帰宅する時間を狙ったかのように取り立ての電話がかかってきました。

（どうか、どうか、家族に何もありませんように）

電話のスピーカーで聞いてしまった闇金からの怒号は完全にトラウマになっていました。電話に出ることができません。

そうこうしているうちに、留守番電話機能がオフになり、電話が鳴っていても誰からのものか分からなくなりました。ただ、電話が鳴っても誰も出ようとしない、そんな日々を送っていました。弟や妹たちは闇金からの電話を知らないそうです。怖すぎる体験を知らなくて良かった。

それから14年後。女優になったわたしに巡ってきた闇金の役。この役をやることで、あのときのトラウマに打ち勝ちたい――。その思いで演じていました。

それにしても、母の言う「この（貧乏な）経験はいつか自分のストーリーになる」というポジティブな発想は、本当に現実になったのでした。

CHAPTER 3

演技に生かされて

MARYJUN TAKAHASHI

Word.

16

「対等でいこうな、
対等な」

いろいろなことがあったけれど、言葉がもたらしてくれる力にわたしはずっと助けられてきました。紹介をしたアシュリーちゃんの言葉は本を媒介として知ったものでしたが、当然、一緒に過ごし、空間を共有した人たちからもたくさんの力をもらっています。

少しオーバーな別の言い方をするなら、愛のある言葉に囲まれて、30歳まで生きてくることができたと思うのです。精神的に追い詰められても、泣けるほど悲しいことがあっても、最後に救いの手を差し伸べてくれるのはいつも言葉。


特に仕事を始めてからは言葉の持つ影響力の大きさを感じています。

真っ先に思い出すのは俳優の香川照之さんの言葉です。

わたしにとって香川照之さんはずっと共演をしてみたい、憧れの方でした。

わたしは友人と話をしているときに「〇〇さんと共演する」と宣言をして自分にプレッシャーをかけるようにするのですが、香川さんはそんな友人にすら名前を出すことがためらわれる存在でした。とにかく演技がすごく好きだったのです。

(絶対にいつか、共演させてもらいたい)

だから『スニッファー嗅覚捜査官』というドラマで共演できたときは本当にう

れしかった。

実際に現場でお会いした香川さんは、想像を超えていました。わたしなんかが言うのは本当におこがましいのですが、厚みのある方でした。台本って、傍目（はため）に見ると平たくてそんなに厚くない。でもそこに香川さんの演技が吹き込まれると、途端に立体感を醸し出す――そんな感覚を抱きました。

香川さんがずっとおっしゃっていたことがあります。それは、

「対等がいい」

とても素敵な言葉でした。最初に口にされたのは初日です。

「俺はね、遠慮されるのは嫌なの。みんな対等がいい」

当然のことですが、ドラマでも映画でもそれぞれに役があって、作品上の重要度に差があります。誰だって少しでも多く台詞をもらいたい。その中でしのぎを削っているところがあるくらいです。でも、香川さんは主演であろうが、端役であろうが、作品を作っていくチームとして「対等でいよう」とおっしゃるのです。役柄もみんな対等だったこともありますが、その心遣いはすごくありがたかった。

いまでも覚えているのが、最初のシーンの撮影を終えた帰り際のことです。香

川さんが、

「対等でいこうな、対等な。いいか、気を遣うなよ。対等だ」

そう言って帰っていかれました。

対等。

その後の撮影、この一言が魔法のようになって、とてもスムーズにいいチームとなって進んでいったことを覚えています。

ずっと共演をしたかった香川さん。もう一度、わたしももっともっと、成長して共演したいと願い、『スニッファー』が復活すると聞いたときは、身が引き締まる思いでした。

MARYJUN TAKAHASHI

Word.

/

17

「女優顔じゃない」難しいことに挑戦するから意味がある

「君、女優顔じゃないね」

忘れられない言葉は、ポジティブなものばかりではありません。

15歳の頃、テレビ局の方にお会いしたことがありました。

その人はわたしを見るなり開口一番、

「君、女優顔じゃないね」

予想をしてなかった一言。とっさに合わせました。

「そうなんですよー」

愛想笑いをしながら、いろいろなことが頭を巡っていました。

たしか、そのままスタッフと何か会話をしていたのですが「女優顔じゃないね」という言葉が脳内に反響していて集中できませんでした。

（そうか、女優は無理なんだ。いいや、もともと歌手になりたかったんだし）

大人たちの会話をＢＧＭに、その後予定していたボイストレーニングのことを考えていました。

（……でも女優顔ってなんだろう）

15歳だったわたしにとって、何もかもが未知の世界でした。ただ、この一言は、何をするにしてもずっと胸のどこかにつかえていました。

それから約10年の月日を経て、わたしは女優デビューを果たすことができました。２０１２年のＮＨＫ連続テレビ小説『純と愛』です。

オーディションに始まり、役をもらうドラマ、しかも朝ドラ。すべてが初めてのこと。頑張りたい、という思いの一方で、自信が持てない、不安だらけのわたしがいました。

「わたし、女優顔じゃない……」

まだまだ実力もなく場数も踏んでいないことはもちろんのことでしたが、あの一言が何かと言えば頭の中をこだましていたのです。

ただ、そんなわたしを救ってくれたのもまた、「言葉」です。

最初はプロデューサーさんから聞いた言葉でした。

実は、わたしは『純と愛』のヒロイン役のオーディションを受け、落選しています。それは当然で、実力不足でした。しかもこのオーディション時、わたしは本当に泣いてしまう、という失態を演じていました。

オーディション。いただいた台詞は「お父さんなんか信じられない。汚い、汚い、汚い」でした。これまでの自分を支えてくれた「父という存在」に対して、

そんな言葉を発するのか……と考えていると、監督さんが、

「高橋さんはどうやって滋賀からでてきたの?」

と尋ねられました。

わたしは、「家族旅行」として横浜へ、車で行ったオーディションの話をさせてもらったのですが、そこで感極まって泣いてしまったのです。その後に課題となっていた台詞「お父さんなんか信じられない。汚い、汚い、汚い」と、叫びました。胸がズキズキと痛かった。

合格をもらえなくても仕方がない、どこかにそんな思いがありました。だってわたしは「女優顔じゃない」もんな――。

その言葉がしみついていたわたしにとって、受からなかったと聞いたときの感想は「やっぱりな」だったと思います。自分が朝ドラに映っている姿なんて想像すらできませんでした。

でも、その後に奇跡としか言いようがないことが起きます。NHKから連絡をいただいて、別の役で出演できることになったと聞いたのです。

何が起きたのか、さっぱり分からなかったのですが、後日、プロデューサーさんがその理由を教えてくださいました。

「オーディションの後、あなたが本当に素敵だったから再度、スタッフで会議を開いたんです。高橋メアリージュンを使いたいから何かハマる役はないか？　と（脚本家の）遊川和彦さんに相談をしてみました。そして再度、遊川さんに会ってもらう機会を設けました」

確かにわたしはオーディションの数日後、遊川さんにお会いしていました。家族のことを聞かれるなど、終始世間話でした。「なんだったのかな？」そんな疑問を持つくらいでした。

プロデューサーさんはこう続けました。

「その後にそれまでなかったマリヤ役を作ったんですよ。マリヤはあなたあってのマリヤなんです」

わたしのために、役を作ってくれた、という事実だけでもものすごくありがたかったのに、その後に続いていただいた「マリヤはあなたあってのマリヤなんですよ」という言葉はもう、心が溶けそうなほどうれしかった。

ちょっとできすぎた話なんですが、この話を聞いたのは、宮古島。クランクインした夜のことでした。たくさんの星が塊となってこぼれ落ちそうな夜空のもと、バーベキューを食べ、エイサーを見た後にプロデューサーさんがしてくださった話でした。

またもや、母の言う「貧乏」が本当にストーリーになった瞬間でした。

撮影が始まってからもたくさんの共演者の方に言葉をいただき、励ましてもらいました。女優顔でもない、ど新人であるわたしは、「演じるって面白い」とその魅力にとりつかれながらも、一方でなかなか自信が持てません。女優業はこれが最初で最後なんだろうな……そんなことまで思っていました。自分に失望しないように予防線を張っていたのかもしれません。

(演技って面白い。できればこのまま続けたい。でもそんな欲を出したところで、かなわなかったときに失望する自分が怖い)

すると、わたしの心の中を見透かしたかのように、ドキッとする言葉をいただいたのです。

「メアリー、おまえはハーフである自分の外見を気にしているかもしれない。でもそれ以前に女性として魅力的なんだから、自信を持って女優を続けなさい」

武田鉄矢さんでした。

武田さんの言葉から連鎖するように共演者のみなさんが、次々に励ましてくれるようになりました。城田優さんは、自身の経験を交えながら言葉を掛けてくださいました。

「俺も昔、俳優顔じゃない、演じるなら留学生の役しかないよって言われ続けてきたのね。だからその気持ちはすごく分かる。でもモデル出身で、ハーフで芝居ができる人はいまなかなかいないし、難しいことに挑戦するからこそ意味がある。ジュンちゃんが道を切り開いていって」

同じ立場で考えてくれた助言が心に刺さりました。

若村麻由美さんは、クランクアップされたときにハグをしてくださって「女優、続けてね」と耳元でおっしゃいました。大女優さんに言われた一言は何にも変えがたい重みがありました。

他にも、ヒロインだった夏菜ちゃんや、風間俊介さん、速水もこみちさんと次々と声を掛けてくださり、現場を乗り切ることができました。

この現場でどれだけ「感謝」という言葉を痛感したでしょうか。生涯のかけがえのない宝物で、わたしが絶対女優として成功しよう、と思えた決定的な瞬間となったのです。

女優デビューになったＮＨＫ連続テレビ小説『純と愛』。

それまでの10年間、毎日のように演技レッスンに通っていたものの、実際に現場に立つことがなかったわたしに、演じることの面白さを教えてくれた大切な番組です。

そして何より、どこかで「言葉」にとらわれてしまっていたわたしに新たな可能性を示してくれ、勇気をくれた作品でした。

素晴らしいメンバーに囲まれて、愛のある言葉がそれに気付かせてくれたのです。

MARYJUN TAKAHASHI

Word.

/

18

シンプルな言葉が
人生を前向きに
変えていく

「お父さん、わたしってタラコ唇？」

「……まんまやな」

部屋から出ようとした父は真顔で答えました。あの日のことは忘れません。

小学3年生、容姿にずっと悩んできました。特に唇。誰もがかわいいと言う妹の優と比べてしまい、

（わたしはタラコなんやあ……）

と思い続けた日々。思い切って、いや一縷（いちる）の望みを託し、父に聞いたのです。

「タラコちゃうよ」って言ってくれるのではないか、と期待しながら……。

そんなわたしがビジュアルを求められる女優になりました。未来は何が起きるか分からないものです。


子どもの頃は特にそうですが、人は本当に小さなことでつい悩んでしまいます。ものすごく大きなことのように捉えてしまって、ふさぎこむ。それ自体は否定すべきものではなく、成長の証、もっと自分を好きになる道の途中なんだと思います。

これまでも書いてきたように、「言葉」ひとつで、それまで見てきた景色、自

分とまったく違ったものに出会うことができるのです。
それもものすごく難しい言葉である必要はありません。

「タラコ」なわたしに自信を持たせてくれた人がいます。小学校2年生から入団していたバレーボールのスポーツ少年団、そこの監督だった小野さんという女性です。

小野監督はとにかく練習が厳しかった。その指導法で、全国大会に出場するくらいのチームを作り上げていました。平日は学校が終わるといつも練習、土日は練習試合。

テレビを観る時間すらなくて、友達との会話にまったくついていけません。特に当時はポケモン全盛期。「ポケモン言えるかな?」を覚えていないと仲間に入れないような空気を感じていたのです。小学校の頃ってこういうこと、ありますよね。

当時わたしは、4歳から習い始めたピアノも続けていました。両立することがとても大変で、練習が厳しいバレーボールを辞めたいと思うようになりました。

もうあの練習をしたくない……そして、勝手に練習に行くのをやめました。親に言うこともなく、です。それでもばれないでやめられるものだと思っていたんです。だって、思い出してみると、体育館に遊びに行くことはあったけれど、少年団に入ります、ってはっきりと言ったことはなかったのですから（笑）。

しばらくして、小野監督が家にやってきました。

「やめたいんか？」

父と監督がソファに座り、わたしに向かって聞きます。いつも「鬼」のように見えていた監督が優しかった。なぜか鮮明に覚えているのですが、監督は両手をおしりの下に入れていました。

（監督、寒いんやな）

なんか、そんなことをふと思ったんです。そして、

（手を入れたい気持ち、分かる。監督もわたしと同じなんやな）

って、のんきなことを考えていました。そういえば監督は、ケーキを作るのがプロ並みにうまくて、誕生日にホールで作って持ってきてくれるような、根はとても優しい人でした。

「やめたい」

そう正直に伝えたものの、理由は言えませんでした。「きついから」なんて恥

ずかしいって思ったんです。

「みんなメアのこと待ってるで」

そういう言葉に弱いんです、わたし。何も言えないでいると、父が口をはさみます。

「お姉ちゃん、ピアニストになるつもりないやろ？　バレーボールは、スポーツはな、いろんなことを学べると思うねん。監督のとこにいたらプロになれるかもしれんし。お父さんはピアノよりバレーボールを続けたほうが良いと思うけどなぁ。かっこいいし」

いま思えばめちゃくちゃな理由やな。

でも、お父さんがそう思うんや……じゃあバレーボール続けるか、なんて簡単に前言を撤回しました。

とはいえ、問題はこの後です。父が監督に「ほな一軒寄って後で体育館連れて行きますわ」と言って、わたしを両親の言うところの「パーラー」に連れて行きました。

「パーラー」――美容室です。

父は、

「いま、ロングヘアですけど、バレーボールやってましてな、短くしてくださ
い」

え⁉

ザクッザクッザクッ、チョキチョキチョキ……。

自分が女の子と自覚してから初めてのショートヘア。そのまま体育館へ直行です。練習がきついとかそんなことよりも、数時間前まであった髪がない、その違和感に慣れず、何度もあったはずのポニーテールを触ろうとしていました。そのたびに思ったのは、

（このまま練習に行くの恥ずかしいなあ……）

体育館の重い扉を開けると、みんなが練習をやめてわたしのほうを見ます。久しぶりに顔を見せたチームメイトの激変。

（うわ、気まずい。髪、切るんじゃなかった。恥ずかしい！）

うつむくわたしのところに小野監督が近づいてきました。そして短くなった髪の毛をくしゃっと撫でて、そのまま、

「みんな見てみ！　このベッピン‼」

満面の笑顔と体育館に響き渡る声で紹介してくれたのです。

チームメイトたちも監督につられて、笑顔に。

（……ベッピンさんやって）

上機嫌で練習に臨み、いきなりAクイックを決めたわたしに監督は、

「ほら！　メア！　やっぱあんたがおらな、試合始まらんわ！」

なんだかものすごくキラキラに輝く翼が生えてきたような、天にも昇る気持ちになりました。母や親戚以外の女性に褒められたのは、記憶にある限りでこのときが初めてです。

わたしのコンプレックスは、本当に一言で解消されました。

悩んでいるときは本当にくよくよしていたのに。


変な言い方になりますが、監督の言葉はシンプルそのものです。

「このベッピン」「あんたがおらんと」

変哲のない言葉、といえば失礼かもしれませんが、少なくともわたしは、その一つが欠けてもいま、この現在がないように思います。

シンプルだけど、人生を変える言葉。振り返ってみれば、たくさん出会ってき

ました。

映画『闇金　ウシジマくんPart2』で共演した綾野剛さん。綾野さんが主演する『新宿スワンⅡ』のオーディション会場で「メアリーのこと信じているからさ」と言ってくださったこと。

尊敬する俳優さんのひとり、山田孝之さん。現場では、ドライ、テスト、本番と撮影が進行するのですが、わたしはドライから大きな声で叫んでいました。俳優さんによっては少しずつ本番用にテンションを上げていく方もいます。ただ、わたしは女優を始めたばかりで加減が分からず最初から全力でした。最初のシーンで、ドライからシャウトするわたしに山田さんはビックリしたようでした。撮影が終わり、こうおっしゃってくださいました。「いきなり本番から本気を出されて叫ばれたら、俺、びくっとしてた。ドライから本気でやってくれてよかった」。まだまだ経験が浅いわたしの演技が山田さんに届いたと思うと、うれしくて心で小さくガッツポーズしたことを覚えています。

事務所の社長。以前の事務所をやめ、失意の中でお会いしたのが出会いです。

そのとき、社長は、

「何か力になれることがあれば」

と名刺を渡してくれました。そして後日、メールをくれたのですが、そこには
「ピンチはチャンスだから。力にならせてください」

と書いてありました。メールなのに「熱さ」を感じました。あのときはスマートフォンではなかったので「保護メール」としてずっと大事にしています。


「このベッピン」

「信じているからさ」

「本気でやってくれてよかった」

「ピンチはチャンスだから」


どの言葉も、難しいものではありません。

でも、もしあのとき、その一言がなかったらわたしの運命は変わっていただろうと思います。

人付き合いの苦手なわたしですが、愛ある言葉に囲まれて、そして救われて、

いまここに立ち続けています。まだ台詞のようにスラスラと話せる自信はないけれど、いつか悩んでいる人たちにわたしから言葉をかけてあげたい。そんな存在になるのを目標にしています。

運をたぐりよせるかのように、集めてきた言葉の数々はいまも日々アップデートされて、わたしを勇気付けてくれているのです。

きっと、それらの言葉は特別なものではなく、とても身近なところにあるのではないか、と思います。

MARYJUN TAKAHASHI

Word.

/ 19

違う人生に触れることは大きなプラスになる

ときどきインタビューなどで「モデルと女優の違いって何ですか」と聞かれることがあります。そういうとき、決まってこう答えます。

「モデルは、自分の綺麗、可愛い、かっこいいという引き出しを使うことが多い。女優は、自分の弱い、かっこ悪い、などの引き出しも使うけど、それが魅力的に映る。そしてつらい過去も生かせるものです」

どちらの仕事もわたしにとってとても有意義なものです。ただ、運よく出会えた、演じるという仕事については、もう楽しくて仕方がない。演じることの魅力のひとつ、それは違う人生に触れることができる、経験できること。それはわたし自身の人生にとてつもなく大きなプラスになっています。

これまでも何度か触れましたが、2014年に映画『闇金ウシジマくんPart2』に犀原茜役として出演しました。

マンガ原作では男性で描かれていた人物。主演の山田孝之さん演じる丑嶋馨(うしじまかおる)のライバル「闇金融ライノー・ローン」の女社長という、複雑な役どころです。

ブカブカの白いシャツを着て、クールに恐ろしいことを言う、やってのける茜の役に最初は戸惑ったのもすでに書いたとおりです。

出演のきっかけは、ちょっといつもとは違ったオーディションでした。初めての舞台公演の千秋楽を終えた翌日。急遽オーディションが決まりました。

(こんなにいきなりのオーディションもあるんだ)

と不思議に思いながら指定された場所へ行くと、いわゆるオーディション会場の会議室とかではなく、『ウシジマくん』の撮影現場近くにある公園でした。

本当にふつうの住宅街の一角にある公園です。そして渡された台詞は、あきらかに大声を出して言うべきもの。

(え、ここでやるのか……)

一瞬迷ったのは事実です。なんといっても住宅街の公園の中ですから。

(やるなら思いを込めて、思い切りだ)

そう思い、叫んで台詞を読みました。あのとき、犬の散歩をしているおばあちゃんがいらして、わたしをおびえた目をして見ていた。「え、何か事件?」とでもいうような心配そうな目で。あのお顔は、忘れません(笑)。とはいえ、そんなことはおかまいなしに叫び続けると、監督は、一言。

「はい、ありがとうございました」

目も合わさず足早に帰って行ったのです。

「ああ、ダメだろうな」

マネージャーとそんな話をしていた、その2日後に合格の知らせが届きました。

「犀原茜」は暗い過去を抱えていて、利益のためなら人を傷つけることもいとわない。そしてボソボソ話していると思ったら、いきなり叫び出す……常人では理解できないような人物です。

あまりに現実離れしている茜に、「知らない感情をどこから紡ぎ出せばいいのか」と、だいぶ悩みました。実際、迷い、声の出し方さえも分からなくなってしまい、マネージャーにお願いをして監督に電話をかけてもらい、直接相談をしたこともありました。

「メアリーはもともと声をきちんと出せる人なので、腹から出そうとしないで喉から出して。そのほうが、おかしな人だという雰囲気が出るから」

監督はそう電話で話してくれました。

……喉から声を出す。なかなかイメージできないわたしに監督は続けます。

「僕はゲーテの『涙とともにパンを食べた者でなければ、人生の味は分からない』という言葉が好きでね。犀原茜はもともと涙の味がするご飯を食べていた人だと思うんだ」

涙の味がするご飯……あの味だ——ピーンと茜と自分が繋がりました。監督はそれだけではなく、犀原茜についていろいろと聞かせてくれました。

「茜って、実は悲しい過去があって、激しい感情を持っているんやけど、それを抑えてないと生きていけない。だからギリギリ栓をしていて、怒ったときや、楽しいときに栓が外れちゃう。いつも、溢れそうな感情に栓をしている。お腹から声を出すと〝ふつうに怒ってる人〟になっちゃう。栓が外れて自分でボリュームをコントロールできない感じにしたいから、喉から声を出そう。例えて言うと、なぜかやたらと声が大きい人。ひとりだけ広い場所にいるんじゃないかっていうくらい大きな声でしゃべる、あれって少し怖いでしょう」

「……あ、監督、いけそうです」

監督の助言で、犀原茜の食べ方は、汚くしようと気を遣いました。普段家で食べるときには犬食いをし、妹や弟と食事をしたときにはどっちが汚く見えるか、行儀の悪さをチェックしてもらいました。

多くの人に「高橋メアリージュン」を知ってもらえるきっかけとなった「犀原

茜」。そのことだけでもとても素晴らしいものでしたが、加えて、役を通して自分の人生では決して経験できない人生、「犀原茜」という人生を、経験できた。感情にふたをする茜。涙の味がするご飯を食べていた茜。わたしも食べたことのある「涙の味のするご飯」。彼女の思いを知るたびに、胸を痛めては、彼女の中にわたしが、わたしの中に彼女が生まれ、生きていると実感しました。

これはどんな役でも同じです。役を通して違う人生を生きることができる、これほど素晴らしいことはないと思います。

きっと共演した方やスタッフの方が抱くわたしへの印象は、現場によって違っているのではないかと思います。ウシジマくんのときは「おはようございます」も言えないくらいしゃべらなかったし、反対に明るい役だったドラマ『母になる』ではいつも元気でニコニコ。最近の撮影では、関西弁のヤンキー上がりのお姉ちゃんのような役をやっていたので、完全ないじられキャラでした。共演者みんなが認めるムードメーカーのときもあったんですよ。

いまだに「自分にこんな一面があるんだ」と発見することもあって、とても幸せなお仕事をさせてもらっているな、と思っています。

MARYJUN TAKAHASHI

Word.

20

妄想は
現実を引き寄せてくれる

よく女優さんがインタビューで、

「幼い頃からお人形ごっこや妄想するのが大好きでした」

こんなふうに答えているのを見ると、

（あ、感覚が同じ……）

と、なんだかうれしくなることがあります。わたしも小さな頃から妄想好きでした。


実家の経済状況とは関係なく、幼い頃から物欲があるほうではありませんでした。レストランに行ってもきょうだいが盛大に、

「ステーキ！」

「ハンバーグ！」

とオーダーしている中、長女であるわたしは、

「（1000円以上超えちゃいけないな……）エビグラタン」

なぜか両親のお財布を気にしていました。まだ実家は裕福だった時期ですけど、どこかで「しっかりしなくちゃ」と思う「長女イズム」みたいなものが潜在的にあったのかもしれません。

スーパーへ買い物に行くと、子どもだったら、

「お菓子を買ってもらえる！」

ってわくわくしますよね。ただわたしはちょっと感覚が違っていたようで、母親がお菓子を買ってあげると言っても断っていたそうです。

記憶にあるおねだりはコーンスープとパンプキンスープ。牛乳パックのような箱で売られているあれです。幼いわたしのお気に入りだったのですが、これにはちょっとした理由があります。

わたしは『シンデレラ』のお話をよく読んでいて、なかでも、「たとえつらいときも信じていれば、夢は叶うもの」という、歌の歌詞が大好きでした。

あるとき、レストランでコーンスープかパンプキンスープのどちらかを頼みました。そのスープの器がものすごくかわいらしくて、直感的に、

(お城でシンデレラが飲んでそう！)

そう感じました。

以来、妄想は肥大化。パンプキンスープはかぼちゃの馬車をも連想させます。

このパンプキンスープを飲めば自分がシンデレラになれたような気になりました。

だからおねだりはいつもパンプキンスープだったのです。パンプキンスープがないときはコーンスープで。かなり飲んだと思います。

あと、これを言うと人によっては完全に引かれてしまうんですけど（笑）、一度だけ木と会話をしたこともあるんですよ。

いまではわたしの人生にずっといてほしい愛おしい父ですが、実は5歳まで話すことができませんでした。父だけではなく男性全般がダメだったのです。

理由はいたって簡単で、実家で開かれていたホームパーティーに、両親の友人男性が遊びに来ていたからです。それもヒゲをたくわえたワイルドな外見の人たちがぞろぞろと……。いま思えば、みんなものすごくかっこいい人たちだったんですが、物心がついたばかりのわたしからすると「モンスター」にしか見えませんでした。

なぜか、そのイメージに引っ張られて、実の父さえも「モンスター」、つまり怖いものにしか見えなかった。

そんなわたしが4歳のときのことです。近所に生えていた木が話しかけてくれたのです。

「いまはお父さんと話せないかもしれないけど、5歳になったら話してあげなさい」

ひとりで遊んでいたときでした。木から聞こえてきた男性の声はエコーがかかったようなちょっと神秘的な声だったような記憶があります。

……これ、世間でいう幼少期に多い「小さなおじさんを見た！」現象と同じ部類なんでしょうかね？　でも当時のわたしにははっきりその声が聞こえたんです、本当に。

母の友だちとした会話を覚えています。男性と頑なに話そうとしないわたしを心配してくれたのか、こう言われました。

「メアリーはなんでお父さんと話さへんの？　お父さんだってかわいそうやん」

すでに木からのメッセージを受け取っていたわたしは得意げに、

「わたしは4歳やから話さへんの！　5歳になったら話すの！」

と答えました。

実際、5歳になった瞬間から父親とも話すようになりました。

信じられないかもしれませんけど、小さなわたしに起きた、小さな奇跡のお話です。

話が逸れましたが、パンプキンスープとシンデレラを重ね合わせるような「妄想少女」は、ときを経て演技をする仕事につくことができました。妄想癖のパワーをいかんなく発揮することができます。

そこで感じたことは、「妄想」って大切だな、ということでした。

イメージする、と言い換えれば印象が違うでしょうか。

香川照之さんと共演したい、とイメージしていたわたしは、それが現実になりました。いつか表現者になりたい、と考えていたわたしは、女優業という仕事をいま、できています。

イメージすることと、いつかそれが叶うことには大事な因果関係があるような気がしています。

MARYJUN TAKAHASHI

Word.

/

21

うまければいい
というものではない。
伝わる言葉とは
心を乗せた言葉

「演じる」「表現者になる」――わたしが目指したものを語るときに、欠かせない出会いがあります。16歳のある日のボイストレーニングでのことです。

おとなしい、クール、口数が少ない、長女らしい。これが周囲の人がわたしから受ける印象です。

母が陽気であることや、派手なビジュアルから賑やかな人だと思われがちですが、人前でそうした一面を見せることはほとんどありません。わたしが華やかな世界である芸能界入りを志したことに家族も「意外！」と思ったほどです。

初めは歌手を志望していました。16歳からボイストレーニングを始め、「発声練習」を受け、本格的にレコーディングをすることになったタイミングで出会ったのが川村先生という女性の方でした。川村先生はいろいろなアーティストのコーラスを担当される第一線で活躍されている方でした。そんなことを知らなかったわたしは、その事実を知ったとき、本当に驚きました。しかも、わたしが大好きな歌に大好きなコーラス部分があったのですが、川村先生が歌っていたのです！

川村先生はとても優しい方でした。ボイトレというと、

「もっとお腹から声を出して！」

と怒鳴られるようなスパルタのイメージがあったのですが、そんなことは微塵もないのが川村先生のレッスンでした。他の人から聞くと、川村先生のように優しいレッスンはあまりないようです。

いつも穏やかに、必要なときだけに、アドバイスをくれる優しい先生。わたしは先生の指導があって、歌うことにたちまち魅了されていきました。

もっとうまく歌えるようになりたい。そのためにはどうすればいいのかということだけに没頭できる毎日が幸せでした。

ある日のレッスンのことです。

未来へ向かって前進することをテーマにした曲を歌っていました。わたしがひたすら注意していたのは失敗しないように歌うこと。

先生が途中で歌うことを止めて言いました。

「ジュンちゃん、上手く歌おうとすることばかり考えてない？　これは、つらいことがあったけど乗り越えていこうとする歌詞だと思うのね。ジュンちゃんもそういう経験がなかった？」

実は、わたしは初恋の彼氏を亡くした経験がありました。別れてからもちょくちょく連絡を取り合っていた彼。亡くなってからまだ半年しか経っていない頃でした。

自分の中でうまく整理がつかず、上京して以降、誰にもしていなかった話を、このときは正直に、ショックを受けた事実として伝えることができました。

「じゃあ、彼を思い出して歌ってみて」

川村先生は言います。先生の言うとおりに彼のことを思い出しながら歌いました。でも、先生は再びわたしの歌をとめました。

「いまは彼との楽しかった思い出ばかりを自分の中に並べて歌ったでしょう。でもきっと楽しいことばかりだったわけじゃないと思う。先に亡くなってしまった彼に対して、怒りや悔しさもあったでしょう？　今度はそういうことも全部思いながら、音程も何も気にせずに歌ってみて。ぐちゃぐちゃになってもいいから」

先生に背中を向けて、わたしは彼のことを思いながら歌いました。

彼が亡くなったことに対してずっと、

（なんで死んでしまったの。最後に何を思ったの……）

そんな疑問がありました。

怒り……考えたこともありませんでした。

……でも、残された人は悲しいよ。わたしも、もっと何かができたかもしれない……。自分に対しても怒りや悔しさがこみ上げてきました。

全身からさまざまな感情がわき上がってきて、声に出したのはもはや歌ではなかったと思います。ほぼ歌詞を吐き捨てているだけの状態に近かった。

(やっぱり、絶対に死んでほしくなかったよ……)

わたしはぐちゃぐちゃに泣いていました。


歌い終えた瞬間、背中越しに川村先生が拍手をしてくださっていました。振り返ると先生も泣いていました。

「ジュンちゃんが泣いているからって、つられて泣いているわけじゃないよ。歌う前からね、ジュンちゃんのいろんな思いが背中から伝わってきて、この部屋の空気が一変したの。音程やリズムを気にかけることも大事。でもね、歌というものはいまジュンちゃんの歌ったものが本当の歌です」

うまくなろうとしていただけのわたしにとって、衝撃的な出来事でした。

結局わたしが歌手になることはありませんでした。そして、縁あって、女優になりました。

演技をするときはいつも、このときの涙が教えてくれたことを思い出していま す。うまくやろうとすることよりも、気持ちを入れること、命を吹き込むことを最優先にする。うまければいいというものじゃない。

演じた役柄が発する声に心を乗せて。

普段は物静かなわたしですけど「演じる」スイッチを入れたときだけは高らかに、ときには激しく――。

悲しいけれど、彼には心から感謝しなければいけません。

CHAPTER 4

未来を生きる

MARYJUN TAKAHASHI

Word.

/

22

つらい経験は「全力でできること」への達成感を教えてくれる

限られた時間の中で、未来をどう生きるか。誰にだって平等にある未来だからこそ、どうすればいいか迷ってしまうことがあります。

わたしは、なりたい自分を隠さないでいこうと思います。


スマホの待ち受け画面はいつも「こうなりたい」と憧れる女性を表示させています。ここ数年、そこには女優のアンジェリーナ・ジョリーさんがいます。わたしが最も影響を受けた人のひとりです。

アンジーの愛称で知られる彼女は世界的な女優であり、モデルそして映画プロデューサーです。活躍は言うまでもありませんが、その生きる姿勢にも惹きつけられます。完璧なまでのボディライン、アクションをこなす力強さ、妖艶さ。家族をがんで失った経験を経て自身ががんにかかる可能性の高い遺伝子があると分かると乳がん予防のために両乳房の乳腺を切除したこと。それから愛情溢れる母としての顔……。

彼女の生き方そのものがわたしの目指すところです。

少しでもアンジーに近づきたい、その思いはわたしをトレーニングに駆り立てています。いまは、パーソナルトレーナーの森拓郎さんの指導のもと、3年前からトレーニングを続けています。せっかくなので、わたしのある日のトレーニングメニューを紹介してみます。

・デッドリフト　80キロ（膝ラインまでの持ち上げ）
・スミスマシンスクワット　30キロ
・ヒップスラスト　60キロ
・ベンチプレス　30キロ
・ラットプル　22キロ
・ダンベルプルオーバー　10キロ
・マシンで有酸素運動（時速20キロ、ダッシュ3本）
※これを、10回3セット

バランスよく筋肉がついた体になるべく、週1〜2回のトレーニングを欠かしません。メニュー名だけを見ると分からないかもしれませんが、負荷量を見てもらうと……アスリート並みの筋トレだと驚かれることもしばしば。ちょっとしたわたしの自慢です（笑）。

（まだまだレベルを上げられる！）

もちろん重ければいいというものではありませんがそう思いながら取り組んでいます。同じ頃に、アクションができるようにと始めたキックボクシングとともに、わたしにとってトレーニングは欠かせないルーティンです。

「アジア版アンジェリーナ・ジョリー」への壁はまだまだ高くそびえています。でも、こうして、はっきりとなりたい自分を見据えて行動できるのはとても幸せなことです。

演技でアクションを求められたときすぐに対応できるようにしたい。役柄によって筋肉量や体重で雰囲気を変えることができれば、もっと演技の幅が広がるはず。可能性はどんどん大きくなっていきます。

「そんなにストイックでいてどうするの？」

と、よく聞かれます。そんなときの答えはいつも決まっています。

「トレーニングは、自分にとって理想の女優になるためのひとつの手段なんです」

わたしが運動にこだわるのはアンジーの影響もありますが、子宮頸がん、潰瘍性大腸炎というふたつの病気を経験したこととも無関係ではありません。

ひとつは健康でありたいという思い。

もうひとつは、健康だからこそ味わえる達成感があること。

トレーニングはもちろんつらいものです。でも病気療養中のときのほうが比べ物にならないほどつらかったし、何より健康でいられなければこうしたトレーニングに全力を注ぐことはなかなかできない。

（少しでも強靱な体でいよう）

トレーニングをしていると、病気にかかって悔しい思いをしたからこそ知ることのできる喜びに満たされ、心まで健康でいられるのです。


それから運動が大きな自信につながるということも理由です。

ちょっとトレーニングを休んでいて、緩んでしまったかな、と感じる体型で人に会うと、なんだか一気に自信がなくなってしまいます。つい、相手の目を見ることができなくなってしまう自分がいるのです。

でも鍛えている自分ならはつらつとしていられる。女優をしていながら人に自慢できるほどの美容法を特に持ち合わせていないわたしですが、運動していることとは唯一のちょっと自慢ができる美容法なのかもしれません。

食事にも気をつけるようにしていて、いくつかルールがあります。
・揚げ物、脂分の多いもの、化学調味料や保存料など添加物の多い食品は控える。
・食事はなるべく20時までに済ませる。
・筋肉を壊すお酒は基本的に飲まない。

この3つが中心でしょうか。運動の効果を高めるためには、食事にもしっかり取り組むことがとても重要です。このルールを守りながら、「いま、自分が何を口にしているんだろう」ということを気にするようになってから、その効果をはっきりと実感しています。

日本では女性に対して「細ければいい」という価値観があると思います。これはわたしの好みの問題なのかもしれませんが、健康的な女性だってかっこいいんだ、という新しい生き方が提示できればいいな、と思います。

運動することで自分の「運」を「動かす」。

鍛えた体でドレスを着て、いつか演技で賞を受賞して、アジアを代表する女優になりたい。わたしの野心です。

MARYJUN TAKAHASHI

Word.

23

美しい人がかもし出す「美」の理由は容姿だけじゃない

美しくありたいな、と思います。

きっとどんな人であってもそういう気持ちはあるのではないでしょうか。書いてきたように、わたしは『ＣａｎＣａｍ』のモデルとして8年間活動をさせてもらいました。そしてたくさんの一流モデルの方と一緒にお仕事をさせてもらう機会に恵まれました。

ずっとボーカルとダンスのレッスンをしていたのにポン、と飛び込んだモデルの世界です。しかも当時は「なれるものなら押切もえ！」「めちゃモテエビちゃんＯＬ」のキャッチコピーが世間に飛び交う、女性誌の中でも人気Ｎｏ．１の媒体です。

わたしは、撮影が始まる直前まで「ＴＨＥマウンティング」――序列争いが苛烈な世界を想像し、そこで仕事をしていくのだと考えていました。それこそドラマにあるような、モデル同士での表紙や巻頭ページの争奪戦があって、担当編集者の力関係で表紙が決まり、撮影現場ではモデル同士は目も合わせることのないライバル関係……そんなことを想像していたのです。

緊張をしないわけがありません。

右も左も分からない、やけに手に汗をかくような状態で臨んだ最初の撮影は忘れもしない逗子(ずし)へのロケでした。早朝6時に小学館の編集部集合だったのですが、入館の方法が分からず途方に暮れ、ビルの前に立っていました。朝早いですから、誰もいない。しばらくすると、わたしの前をひとりの女性が通り過ぎました。

(めっちゃスタイルいいな……)

後ろ姿を見守っていると、小学館に入っていこうとします。

(あれ、モデルさんかな……)

思ったそのときでした。その女性は、踵(きびす)を返すとこちらに向かって来たのです。

「あの、CanCamの撮影のモデルさんですか?」

「は、はい、そうです」

「それならこっちですよ」

と、編集部へ案内してくれたのです。

「ありがとうございます!」

親切な方だな……、と思いようやく見ることのできたお顔。

なんと押切もえさんでした。

それ以降、わたしは押切もえさんをずっと見続けるようにしました。

押切さんとはクール系ファッションの企画で一緒になることも多く、ポージングや表情、仕事への姿勢などいろんなことを勉強させてもらいました。いや、勉強という言葉は適切じゃないですね。隣でひたすらじっと見て、何か自分にできそうなことがないか「盗もう」と思っていました。

実際に入ってみたモデルの世界は想像していたものとはまったく違いました。「マウンティング」なんてそんな雰囲気はまったくなく、先輩たちはみんなハキハキしていて明るい。そしてわたしを含めた後輩たちにすごく優しいのです。輝いて見える、というのは本当で、その輝き、美しさは容姿やスタイルだけではない――。

(美人っていうのは見た目だけじゃないんだ)

それは「自信」がそうさせているのかもしれません。明るくて、ハキハキしていて、目配りができて……、なんだか自信を感じるのです。言葉にするのは難しいのですが内面から湧き出てくるような「自信」です。「わたしはきれいでしょ」という、押し付けるようなものではない、優しさや明るさから生まれてくるものです。

容姿は持って生まれたものですから変えることはできない。

でも恵まれた容姿に生まれたから美しいのか、と言えばそうではないんだろうと思います。人を惹きつける美というのは生き方や日々の姿勢から出てくるのではないでしょうか。


モデルをしながら『CanCam』がナンバーワン雑誌と言われる理由も分かりました。そうやって内面がすぐれた人たちが出ているからたくさんの人が憧れるんだ、と。もしモデルの先輩たちがテレビドラマのように、いがみあう世界だとしたら、きっと違った結果になっているんだろうと思います。


(せめて周囲に不快感を与えることだけはやめよう)

新人モデル時代、わたしにできることはそのくらいでした。だけど、わたし自身には欠かすことのできない、学びの多い時間だったと思えます。

特に、笑うことが苦手な性格を和らげてくれたことはいまにも生きています。

自分の笑顔を求めてくれるスタッフや読者がいると思うだけで、頑張ることができた。上京して必死にいろいろなレッスンを積み重ねることしかできない毎日

で、何かを考える余裕もなかったわたしは、求められる環境によって変わってい
けたのかな、と思います。

MARYJUN TAKAHASHI

Word.

/

24

心が笑っていないのに
笑うのはさみしい。
でも心が笑っているのに
顔が笑っていないのも
つらい

ずっと笑っていたい。笑顔を絶やさない人生でありたい。これまでも書いてきたように、未来に対してもそうでありたいと願っています。

27歳のとき、笑えなくなった時期がありました。

ちょうどコントドラマ『SICKS』を終え、映画『復讐したい』のクランクイン直前、友人と食事をしていたときのことです。レストランのトイレで自分の顔を見ると、

（あれ？　左側がまったく動いていない？）

顔の筋肉が硬直していることに気付きました。珍しく数杯、お酒を飲んでいたこともあって、「慣れないお酒のせいだな、一晩寝れば元に戻る」そう思って帰宅しました。けれど翌日も顔半分は固まったまま。

顔面神経麻痺でした。

新人女優のために撮影を遅らせるなんて選択肢はありませんでした。笑えないまま撮影に挑む日々。どうにかして治らないか、と病院や整体に行きましたが原因は不明のまま。結局、完治したのは半年後でした。

顔面神経麻痺はさまざまな原因が考えられますが、当時は慣れない長台詞にプ

レッシャーを感じていた頃でした。コントという未知の世界への取り組みと、大きな表情で伝えなければいけないという初めての試みを自分なりにこなしていた影響もあったのかもしれません。

何より、どうしてもうまく力を抜けず全力で、完璧にこなしたいという性格によって、心がパンクし、麻痺になって顔に現れたのかな、と思います。

笑えなくなったときは改めて笑える素晴らしさを実感したものです。

（ああ、笑えるって本当に幸せなことなんだな。心が笑っていないのに笑うのも寂しいけれど、心が笑っているのに顔が笑っていないのもつらい。顔が動くことを当然に思っていたから、全然ありがたみが分からなかった。ここを乗り越えたら、もっと素敵な笑顔になれる！）

顔面神経麻痺の経験は、わたしの人生で得てきた教訓を再確認させてくれます。それはここまで書いてきたことです。

大変なことを経験したからこそ手に入れられる発見がたくさんあるということ。

不幸を不幸と捉えていては幸せは見つけられないということ。

言葉に助けられたこと。それは顔面神経麻痺になったとき、同じ病気になったとおっしゃるＴＫＯの木下隆行さんと共演する機会があり、自身の経験を交えながら親身に話をしてくださったことです。

わたしの笑顔はたくさんの助けを借りて手に入れたものなのです。

MARYJUN TAKAHASHI

Word.

25

結婚に必要なものって
なんなんだろう

わたしの未来に必ずあってほしいもの。

それは新しい家族です。

「もしすごく好きな人ができて家族に結婚を反対されたらどうしますか？」

わたしが家族のことを好きだと言いすぎたからでしょうか。そう聞かれたことがあります。

「家族が反対している理由が理解できるのであれば、考え直します。場合によっては結婚をやめるかもしれません。でも父は常々『お姉ちゃんが連れてきた人なら大丈夫』と言って信頼してくれています。高橋家はこれまでにさまざまな困難を6人で乗り越えてきました。『家族が反対するようなことは、高橋家の一員であればするわけがない』という信頼関係があります。なので反対をされるという発想がないのかもしれません」

答えたこの言葉に偽りはありません。

わたしも結婚を意識する年齢になってきました。

父は結婚に対して言及をしてきたことはありません。一方で母は自分がフィリピンから出稼ぎに来るほどお金に苦労をした人です。叔母が言った「Use your brain」の言葉のとおり、娘には経済的に恵まれた人と結婚してほしいという思いがあるように思います。

わたしが25歳くらいの頃、母が叔母の知り合いでニューヨークに住む、いわゆるセレブリティとわたしを「くっつけよう」としたことがありました。とてもいい方だったのですが、くっつけようとされればされるほど、拒否反応を起こしてしまったわたし。まったく興味を持つことができず、お相手からデートに誘われても断るようにしていました。期待をさせても申し訳ないし、何より母たちの行動に腹が立って、無愛想そのものだったと思います。相手の方には本当に申し訳ないのですが……。

その様子を見て怒ったのは母でした。

「なんでお姉ちゃん、行かへんの。そんなんやったら、わたしの顔が潰れるわ！　あんたなんて産まんかったら良かった！」

「は？　それ言ったな。絶対言ったらアカンやつ言ったな！」

書いてきたとおり、両親とはほとんど喧嘩をしないし、なるべく口答えもしないようにしてきました。

でも、このときの一言にはつい反論をしてしまいました。久しぶりの母親への反抗をいまでも鮮明に覚えています。その後母は、とても反省してくれたので事なきを得たのですが、いまになってあれは母親の愛情だったのだと気付きます。あのときは分からなかったけど、娘に同じ苦労をかけたくないという思いから出た行動だったんだと。

結婚。

あの優しい母が必死になってわたしの相手を心配してくれるくらい大事なもの。未来を決めるものなのでしょう。

相手さえいれば、明日にでもしたいのですが、まだ時間はかかりそうです。と言いながら結婚をしたら、この本を書いた後に何かドラマがあったんだと想像してください（笑）。

理想の結婚相手は愛妻家で知られるヒュー・ジャックマン。ジャックマンのあとにハートマークを入れたくなるくらい憧れの存在です。日本人でいえば、格闘家の魔裟斗さん。力強くて、運が良くて、優しさが溢れていてそれが色気になっている人がかっこいいな、と思います。

母が気にかけてくれる経済的なことはあまり気にしません。そして子どもは自分と同じ、4人きょうだいを作ってあげたい。これは小さな頃からずっと憧れていることです。

想像をしているだけならいいのですが、ふと現実に戻ると不安もあります。(もし、わたしが結婚をして実家にお金を入れることができなくなったらどうしよう)

そう考えると、旦那さん選びは「好き」だけでは済まされず、どうしても慎重にならざるを得ません。

わたしがものすごく稼いでいたらなんの問題もないのですが、簡単なことではありません。女優として一流になることは並大抵の努力ではないのです。

じゃあ、旦那さんの給料で暮らすようにして、わたしの収入は結婚後も高橋家に入れればいいのか……。

お金で苦労している人生を送っているからこそ、「愛があればそれでいい」なんて容易(たやす)く言うことはできません。

ひとり家庭計画、理想と現実の違いにまだまだ悩む日々が続きそうです。

MARYJUN TAKAHASHI

Word.

26

「メアリージュン」の秘密

高橋メアリージュン、本名です。

芸能界で仕事をするようになったいまだから、この名前はインパクトもあるし、覚えられやすい。初めて会った人からも「高橋さん」より「メアリー」「メア」と親しみやすく呼んでもらえる自慢の名前です。

でも昔は、目立つ名前で悩んでいました。

小学生のときに国語の授業で先生が、

「漢字には1文字1文字に意味がある。だから名前をつけるときは、ご両親が意味をよく考えてつけてくれるんですよ」

と教えてくれました。

（あ、わたし……漢字が1文字もない……）

落胆したことを覚えています。


物心がついてからは病院へ行くのが嫌でした。

「高橋さん！　高橋メアリージュンさん！」

フルネームで呼ばれると、その珍しさからか待合室の視線を浴びることになります。

あとは名前とハーフということだけで「英語は話せるでしょう」「なんか足が速そう」と一度もその姿を見たこともないのに思われていました。

そんなときは決まって、違う名前だったら良かったのに……と思ったものです。


小学生の頃、母親に訴えたことがあります。

「名前、変えたいねん」

「なんて名前にしたいん?」

「……あ、愛」

「……愛ちゃんかぁ」

笑いを堪えながら流された気がします。

愛という漢字がとても温かくて好きだったんです。


国語の授業で分からなかったわたしの名前の意味が分かったのは15歳の頃でした。なぜそんな話になったのか分かりませんが、父が言いました。

「最初の子やからお母さんが名前をつけることになって……」

母が言葉を継ぎます。

「ママ、メアリー（マリアさま）のメアリーか、好きな映画に出てくる犬の名前のジュンジュンで迷ったんやけど、くっつけてみたらめっちゃいいやん！ってなってん！」

確かに妹は優、弟たちも日本の名前です。長女のわたしだけがメアリージュン。そうか、そういう理由があったのか。

その日以来、自分の名前が愛おしくなりました。漢字に込められた意味はなくても、母の愛があるならそれでいい。この愛のある名前を、たくさんの人に知ってもらい、勇気付けられる存在になる。そんな未来を作っていきたいと思います。

MARYJUN TAKAHASHI

Word.

/

27

高い壁のほうが
登ったとき、気持ちがいい

自分ではコントロールできないくらい高い現実の壁にぶつかったとき。

例えば理不尽なことがあって正義が何なのか分からない。

例えば一生懸命やっていた仕事で結果が出ない。

直面した瞬間は、どうしていいか分からなくなることもあります。もともと弱音を吐いたり、泣いたりすることが苦手で、どうすれば暗い気持ちに光を当てることができるのか分からない。わたしにもそんな経験がありました。


2004年から約8年間、わたしはファッション雑誌『CanCam』でモデルを務めていました。

わたしはハーフの外見からクール系のモデルとして誌面で起用されることが多かった。でも、覚えている方はそんなに多くないかもしれません。応援してくださる方の声はいつも励みになっていましたけど、8年間で単独表紙を飾ったことはありませんでした。


モデルは、わたしにとって最初の大きなお仕事でした。もともと歌手志望だったわたし。寮生活を送り、ボイストレーニング、ダンス、楽器、演技のレッスンを受けていたのですが、縁あって誰もが憧れる人気雑誌のモデルになれたときは、とてもうれしかった。歌手であっても、モデルであっても、何かを表現する人、表現者でありたいという気持ちが強かったので、それが叶ったと思いました。

また、そうした自身の成長という喜びの一方で、家族に仕送りができる、とホッとしました。15歳のこの頃からいまにいたるまでわたしには、大黒柱のような使命がありました。とにかくできることをしよう、働こうと常に自分に言い聞かせていたのです。


現実の壁は突然でした。25歳までに一花咲かせたいと思っていたけれど、叶わず、それまでお世話になっていた事務所を辞めることになったのでした。

あのときのショックは鮮明に覚えています。頭に浮かんでいたことはただひとつでした。

——高橋家が〝ご飯〟を食べていけなくなってしまう。

がけっぷち状態でした。頭の中に濃淡のある闇がかかったような感覚……。

(わたしが働けなかったら、実家のお金はなくなって家族が路頭に迷うことになってしまう。なんとか、どうにか行動に移さなくちゃ)

「高橋家」に暗い未来なんか絶対に来させない。立ち止まれない、進むしかない、という思いがわたしに覚悟を迫っていました。
部屋に飾ってある家族写真をテーブルの上に、ドン、と置きました。
目に飛び込んでくるのは、世界で一番愛し、わたしを支えてくれる人たち。
そして大好きなMr. Childrenの『終わりなき旅』を大音量で流しました。

「閉ざされたドアの向こうに新しい何かが待っていて
きっときっとって　僕を動かしてる」

消えかけた蠟燭(ろうそく)の灯(あかり)がじりじりと再び燃え上がるような感覚がありました。
涙が頬をつたい、止まらなくなりました。

「高ければ高い壁の方が　登った時気持ちいいもんな
まだ限界だなんて認めちゃいないさ」

驚くことに、曲が終わったと同時に涙も止まっていました。

「よし！　絶対に大丈夫、大丈夫！　絶対に守るからな！」

写真の中の家族に、自分に、宣言をしたことを覚えています。

涙を袖で拭き、鼻をかんで決意したのです。どうにかなる、この高い壁を絶対に越えてやろう。本当に越えたときにはもっともっと素晴らしい景色が見られる。

あのときの涙は悲しいものではなく、とても温かいものでした。


それからありがたいことに、現在所属している事務所にお世話になることができました。お先真っ暗、路頭に迷ってしまう。そんなふうに思っていたことも、自分が覚悟を持って行動に移せば解決できることでした。

ただ、わたしにとって大事なことは、そうした行動力や結果ではなく、あの日涙を流したことで前を向けたことでした。泣いたりするのは自分に合わないと思い続けていた過去とは違った、新しい自分の進み方を見つけた気がしたのです。

涙だけではなく「不幸」と思われる現実に対しても違う見方ができるようになりました。わたしが収入を得なければ家族の生活はままならなくなってしまう。もし、その事実がなかったら女優、表現者として生きるという夢すら見ることがなかったのかもしれません。

あれからわたしは「涙を取っておこう」と思うようになりました。

これからの未来がすべて順風満帆に進むはずはありません。つまずくことも、立ち止まることもあるでしょう。そんなときのために。

かつては見せたくない、流したくない、と思っていた涙は、自分が困難にぶつかったときのためのビタミン剤になったのです。そして目前に選択肢がなかったことに対しても、だからこそできる行動があることを知りました。

あのとき聞いていたMr. Childrenの『終わりなき旅』の歌詞が思い出されます。

「高ければ高い壁の方が　登った時気持ちいい」

涙はその大事な登山道具で、選択肢がないことは前へ進むための大きな活力になるのです。

CHAPTER 5

子宮頸がんとわたし

MARYJUN TAKAHASHI

Word.

28

子宮頸がんにかかって伝えたいこと

ここまで読んでくださった方は、わたしについてどんなふうに感じているのでしょうか。

実は、この本を作っていく過程で、わたしの過去についてスタッフさんたちと話を進めるたび、みなさんが驚いた表情をすることに、わたし自身が驚いてきました。

（わたしって、そんなに過酷な人生を歩んでるの？）

驚かれるみなさんが一様に「すごいね」「大変だったね」と言うから。はっきり言う人もいました。「不幸だったんですね」。

でも――。

他人から見た「不幸」が自分にとっての不幸であるとは限りません。この本を作って知ったことです。だから、どんな過去があっても、わたしには未来の夢があります。そこにある時間は平等です。

そんな中で、書くべきか悩んだのが何度か触れてきた子宮頸がんのことでした。

２０１６年11月8日。29歳の誕生日の日に、わたしは「子宮頸がん」であることを知らされました。

迷っていた理由はいくつかあります。なかでも女優としてあまりにも病弱なイメージがついてしまうのではないか、ということについてはかなり悩みました。読んでいる方には顔をしかめられてしまうかもしれませんが、イメージは今後のキャスティングにも関わってくる。言って得することはない。

先に潰瘍性大腸炎について書きましたし、ストレスによって顔面神経麻痺になってしまったことにも触れました。なんか、病気多すぎるだろう、って。

わざわざ書く必要がないというのは正しい判断だと思います。

わたしひとりで片付けられる問題であれば構いません。

でもわたしには信頼してくれる所属事務所をはじめとするたくさんのスタッフがいる。一生懸命に働く人たちにも迷惑をかけてしまうかもしれない。身近な大切な人を守ることはわたし自身がずっと大事にしていたことでもあります。

ただこうやって書くことに対してスタッフたちは、

「メアリーの本なんだから、メアリーが書きたいことを書いたほうがいい。伝えたいことを伝えよう」

快く応援をしてくれました。

書こうと思ったのは、わたしが病気になったことをきっかけにして、女性のみなさんに子宮頸がんの検診へ積極的に出かけてほしいと切に願ったからです。

わたしが子宮頸がんの検査を受けたときの気持ちを思い返すと、

「たまたま」

「偶然」

「何も考えず」

こんな言葉が浮かんできます。

もし検査を受けることもなく、気がつかないままだったとしたら……？

恐ろしくて想像もできません。


2017年6月に乳がんで亡くなられた、フリーアナウンサーの小林麻央さん。わたしと同じく、がんに襲われたひとりです。

同時期にがん治療と向かい合っていたわたしは、彼女がブログを通じて、女性にがん検診を促す姿勢を本当に尊敬していました。

（本当に強くてたくましくて美しい人だ……）

わたしは同じがんを体験した人間として、彼女が病気に負けたただなんて思っていません。生きようとした力強さをわたしたちに示してくれたと思うのです。

小林さんのようにはなれなくても、少しでも前向きなメッセージや情報を伝えることができたら。そして苦しい体験をする人がどうかひとりでもいなくなってくれれば。そう願って、がんと闘った日々のことを告白する決意をしたのです。


2016年10月。年末を控えて、仕事は繁忙期に突入していました。

カタログ、ドラマ『スニッファー嗅覚捜査官』、『痛快TVスカッとジャパン』の撮影に、映画『闇金ウシジマくん　ザ・ファイナル』の完成披露試写会。映画のアフレコ……。

このほかにバラエティ番組への出演や、紙媒体の撮影とちょっと息切れしそうなほどの忙しさを感じていました。でも気持ちは充実していました。ひとつの仕事を終えるごとに、そのありがたみが自分の中に増してくるような感覚。

家族や応援してくれる人たちに自分の姿を見てもらえるし、目標を持ってトレーニングをしているおかげで健康そのもの。周囲からは、

「メアリーは健康オタクだよね」

と笑われるほど、日々の体調には気をつけているつもりでした。

仕事があって家族がいて、仲間がいる。それ以上の幸せを期待することはありませんでした。

ある日、ほんの少しだけ体調に異変を感じます。それはデリケートゾーンにかゆみを感じたことでした。

(最近、忙しくて生活が不規則だったせいでかゆいのかな?)

念のため、近所の婦人科へ診察に出かけました。一度目は患部に薬を塗布してもらって終わりでした。一度かゆみは引いたのですが、一ヶ月くらいするとまたかゆみがありました。仕事に集中ができなくなることを危惧して再診に向かいました。

「秋は、夏の疲れが出てくるんでしょうかね。同じ症状の患者さんがすごく多いんですよ」

医師の優しい口調にホッとするわたし。処置後に、

「高橋さん、子宮頸がん検診はご経験がありますか?」

と聞かれました。

「いいえ、28年間で一度もしたことがありません」

「30歳を控えられていますし、年齢的に良いタイミングなので一度受診をしてみませんか？　費用は5000円くらいです」

本当に軽い気持ちでわたしは検査を受けることにしました。

モデル時代に子宮頸がんのワクチンを打った経験があり、まさかがんが見つかることはないだろうという気持ちもどこかにありました。恵まれたことに生理痛の経験もありません。

検査を受けることでひとつ安心の担保を手に入れよう。本当にそのくらい軽い気持ちでした。


検査はすぐに終わりました。外子宮口付近から細胞の一部を採取するだけです。

「もし何かあればこちらから連絡しますね。連絡がなくても1週間後には一度来院してください」

病院からの帰り道は、翌日の台本を覚えることで頭がいっぱいでした。

検査のことなんてすっかり忘れていました。

この検査が自分の人生において、ひとつのターニングポイントになるとは想像もしていなかったのです。


1週間後。携帯に病院から電話がかかってきました。

(わざわざ電話で連絡があるなんて……?)

良くない知らせ?

「お伝えしたいことがあるので病院に」

わたしはすぐに病院へ向かいました。

「ああ、高橋さん。実は細胞診の検査で引っかかってしまったんですよ。大きな病院を紹介するので、そちらで一度しっかり検査をしてください」

「ええ? あ、はい。分かりました」

「結果次第で、大したことがなければまたウチみたいな小さな病院の治療で十分です。今回の高橋さんに出た結果は症状に出ないのでなかなか見つかりにくいんですけど、別の治療で来て、たまたま受けた検査で見つかった。ご先祖様に守られていますねえ」

いつもと変わらない優しい口調で先生は丁寧に説明をしてくれました。その姿に不安を感じることもなかった。

加えて友人が細胞診の再検査を受けた結果、良性だったということがあったのを覚えていました。しかもふたり。再検査自体はよくあることなんだって思ったのです。

(きっと検査を終えて「先生、平気でしたよ!」なんて笑いながら、この病院へ戻って来るんだろうな)

検査前と同じく、わたしには妙な自信がありました。

(きっとわたしも彼女たちと同じパターンだ)

それ以外に思うことはありませんでした。

その後、紹介された大きな病院で次のステップとなる組織の検査をしました。

2016年11月8日。願掛けも兼ねて、29歳の誕生日に検査結果を聞きに病院へ向かいました。

撮影では馴染み深い診察室。白衣の医師とふたり。ごくふつうの風景の中で、医師は、

「高橋さん、検査の結果、がんが見つかりました」

まるでなんてこともないようにそう言いました。

（え、わたしのこと？　誕生日にがん宣告かーい）

なぜか自分に突っ込んでいました。ドラマのように涙がこぼれてくることもなかった。人はショックが大きすぎると涙も出てこないというのは本当なのかもしれないと、俯瞰で自分を見ていたくらいです。

「がんとは言っても、がんになってしまう手前の高度異形成と言われるものです」

（……先生、だったら最初に衝撃的な台詞でおどかさないでくださいよー）

そう思うのが精一杯でした。

よくよく聞くと、わたしはがんの一歩手前の状態だったようです。

子宮頸がんは異形成と呼ばれる、がんになる前の段階のものが軽度、中等度、高度で進化していきます。高度まで到達すると、上皮内がん、浸潤がんと徐々に病気が進行していく。わたしはその「高度」だったわけです。

異形成は経過観察になりますが、わたしは仕事や将来的なことを考えてレーザーの円錐切除手術を勧められました。レーザーで子宮細胞を少し切除して、さらに病理検査をするという流れです。

ただ手術を受けることで早産や流産の危険性が高まるリスクも伴う、と医師から告げられました。

ほんの10分程度で一度にいろんな情報が押し寄せてきて、わたしはとても処理することができません。少しずつ、高まってくる不安。

その後、マネージャーさんに相談し、医師に確認した、早産や流産の危険性を覚悟したうえで手術することを決めます。

所属事務所もわたしの意志を尊重して手術に同意をしてくれました。

ただ家族には詳細を話すことができませんでした。

(心配をかけたくない)

そんな長女イズムがここでも働いてしまったようです。

病理検査のための手術。何より怖かったのは、その後の結果でした。病理検査をして、もしまた何かが見つかれば子宮を全摘出しなければいけない可能性がありました。その事実に直面する勇気が、このときのわたしにはなかった。

もし何かあったとして、全摘出をすれば今後がんの進行を心配する必要はありません。でも……わたしには子どもを産みたいという切実な願いもあります。母になりたい。大好きな人との子どもを産みたい。我が子にいつの日か会いたい。

子宮だけは残したい。

2016年11月23日、わたしは手術のため入院しました。とはいっても、病理検査ですから、翌日に手術、翌々日には退院するという短いものでした。

家族を含めほとんど誰にも伝えませんでした。知っているのは事務所の人たちくらい……。たった3日とはいえ、

(病室で孤独を感じてしまうかもしれない)

という不安がありました。生まれて初めての入院と手術を控えて、ナーバスになっていたのかもしれません。

真っ暗な病室で目を閉じると、不思議なもので次々と家族の顔が浮かんできました。いつも通り笑っている父。その隣で笑い泣きしている母。弟。妹。弟。わたしにはこんなに味方がいるんだ。

うれしいときも、病室にひとりでいるときもこうやって思い浮かぶ顔がある。寂しい一夜のはずが、家族のおかげで愛おしい一夜になりました。

そういえば、この頃「あだ花」という言葉を覚えました。わたしの演じる役た

ちはいつもあだ花だったのです。

「実を結ぶことなく、儚く散りさる」

「季節外れに咲く」

「一晩だけ豪華に咲いてしぼんでしまう」

これまで演じてきた役を思い出し、

(役柄は「あだ花」かもしれないけれど、私生活の高橋メアリージュンはまだまだ散ってたまるもんか)

眠りにつくまでのひととき。浮かんでくる家族の顔に勇気をもらいながら、まだまだ負けてたまるか、という強い思いを抱いていたことを覚えています。


2016年11月24日、手術当日。

手術服に着替えて、手術室へ向かう途中のことです。産婦人科病棟の新生児室のベッドに並ぶ、たくさんの赤ちゃんに会いました。

その愛らしさにどれだけ励まされたことか。

(手術、頑張ってくるね。いつか会えるあなたのために)

と心の中でつぶやき、入室をしました。

手術自体はごく短い時間で終わり、翌日は退院となりました。

そして病理検査の結果——。

子宮高度異形成だと診断されて切除した部分から、がん細胞が見つかったのです。つまり蓋を開けてみたら、子宮頸がんだった。

さらに採血結果でもがん細胞の数値が高く、リンパ節への転移も考えられるという医師からの報告。がん細胞が取りきれていない可能性もあること、それも高い可能性で。淡々と聞きながら、自分ががん患者だということにピンときませんでした。

(本当だったらヤバいな……)

本音でした。先生に聞きました。

「リンパ節に転移しているかどうかって分かるんですか？」

「分からないんです。だから今後も通院や検査は継続してもらって、場合によっては抗がん剤治療、子宮摘出も視野に入れることになるので、ご家族などに相談するならしていただいたほうがいいかと……」

抗がん剤治療。

子宮摘出……。

帰り道。イヤホンを通して聞こえてきたのは高橋優さんの『Beautiful』という曲でした。

抑えていた感情が溢れ出し、わたしは渡っていた橋の途中で立ち止まって泣いてしまいました。

（お金のこと、どうしよう……）

わたしの脳裏に浮かんだのはまずこのことでした。

（働けなくなったら高橋家が食べていけなくなってしまう。がんなんて考えてもいなかったから、保険も入っていないや……入院費はどうしよう……。もし放っておいて進行したら……抗がん剤は高価だって聞くよな……）

止まらない涙。こんなドラマのワンシーンのようなことをするガラじゃなかったのに。

（事務所にも使えないって思われて、クビになるかも……）

悪い想像も止まらなくなっていました。

でもそれだけなら、子宮を全摘出すればなんとかなります。こういう言い方はよくないんですが、子宮頸がんのリスクは取り除ける。働けるかもしれない。

でもその場合、出産を諦めることになる。

子どもを諦めたくない。いっそのことすぐに妊娠をして、子どもがほしいなんてことを考えたりもしました。友人に高度異形成で出産した人がいたのです。

でも、その思いだけに気を取られてがんが進行したら周りの人に迷惑がかかる……。

堂々巡りでした。

子宮頸がんの原因はヒトパピローマウイルス（HPV）というウイルスの感染が関わっていると考えられていて、実際にがん患者さんの90％から見つかっているそうです。

ヒトパピローマウイルスは、性交渉の経験がある女性の80％が感染するという結果もあります。つまり発症するかどうかは別として、女性であれば多くの方が、子宮頸がんになる可能性があるということ。

がんがある程度進行するまでは症状も分からないと医師から聞きました。

実際にわたしも検査前、手術後とまったく症状を感じません。本書で書いてきたとおり、ハードなトレーニングで体を鍛えていましたから、自分は健康であるという自負があったくらいです。

もし、あのときデリケートゾーンがかゆくならなければ婦人科へ行くこともありませんでした。

もし医師が子宮頸がん検診を勧めてくれなかったら……？

出産ができたかもしれないのに、夢半ばで強制的に諦めることになったかもしれません。

もっと言えばこの本を書くことすらできなかったかもしれません。

「わたしの人生は運がいいほうだ」

と、きっぱりと言いきれるほどの自信があります。そんなわたしでも子宮頸がんになったことはひとりの女性として、相当なショックでした。生きてきた中で一番怖かった。

潰瘍性大腸炎にかかってしまったときも、

(これが生涯で一番苦しい出来事だ)

と思っていたのに、こんなアクシデントが起きるとは思いもよりませんでした。

(こんな高い壁をまた神様は越えろっていうの……？　もう分かりましたよ、分かりました！　やってみせます、越えてみせます！)

転移の有無、新たな検査結果が分かるまではそうやって、毎日心の中で明るく自問自答。少しでも気を緩めたら、病気が悪化するような気がしていたからです。精神的にも限界でした。


その後の検査で、幸いなことに子宮頸がんを克服できたことが分かりました。

「一旦は安心していいということですよね？」

「はい」

少しだけホッとして病院を出ました。

その日の帰り道、高橋優さんの『Beautiful』を聴きながら橋を渡りました。がんを告げられて号泣していた日に聴いていたのと同じです。わたし、ずっと決めていたんです。病気に明るい兆しが見えたら同じ曲を、同じ橋で、全然違う気持ちで聴くんだ、と。

優しい風が吹き、わたしの頭をなでてくれたような気がしました。あんなに長く感じた橋が、今回は一瞬のようでした。

わたしはたまたま九死に一生を得ました。

数ヶ月の検査や手術を経ていまはすっかり元気です。

いままで以上に睡眠の質や食事内容に気を遣い、定期的なメディカルチェックは欠かしていません。欲を言えば病気の最大の敵である「ストレス度合い」を常に知らせてくれる機械があればいいな、とは思いますけど……ね。


いくつかの病気になったことでいままでの「当たり前」がすべて奇跡だったことを知りました。健康であるいまは、その奇跡にひとつでも多く気付くことができるような毎日でありたいと思うのです。

そしていつか最期を迎える日。きっとわたしは家族のおかげで、

（ああ、人にたくさん愛されたなあ）

と、笑顔で旅立つことができそうです。願わくば、

（思いっきり人のことを愛したな）

と、振り返ることができるほど大切な人に愛を贈りたいと思っています。

この本を読んでくださっている方に伝えたいことがあります。それこそ、わたしがこの病気のことを告白しようと思った最大の理由です。

何も体に変化がないときこそ、病院でがん検査を受けてください。

「あのとき病院に行っていれば！」

「ちゃんと検診をしていれば良かった」

そんな悔しい話をする人を、がん経験者としてひとりでも増やしたくはありません。これがこの一冊を通して贈ることができるわたしなりの愛のひとつです。

未来は誰にとっても明るく、尊いものです。

でもそれはすべて健康な体があってこそ成り立つものであるということを、どうか忘れないでください。

MARYJUN TAKAHASHI

Word.

29

「またね」は「また会える」という願掛け

子宮頸がんのことをわたしはほとんど誰にも言いませんでした。心配をさせたくなくて家族にすら、「ちょっと手術をしてん」と伝えたくらいだったと思います。書いたように、幸いわたしに転移はなく、いまは元気に過ごすことができていますが、医師に「高い可能性でリンパに転移している」と言われてから結果が出るまでの一ヶ月は人生でもっとも死を身近に感じた時間でした。生きた心地がせず、情緒は不安定。ちょっとしたことで涙が出そうになる……。

両親から電話がかかってきて、

「元気か？」

という質問に答えることが、たった一言「大丈夫」と言うことが、あんなに難しいなんて思いもしませんでした。声を聞くだけで、溢れてしまいそうな涙をこらえ、ばれないようにと必死だった。

（親より先に死にたくない……、つらい想いをさせたくない……）

日常の姿もまったく違うものになっていました。

気温が低いところにいるだけで、仕事の時間が押してしまうだけで、

（悪化してしまうんじゃないか）

ルーティンのように通っていたマッサージも、

(血流が良くなって、がん細胞がリンパにあって、もし他のリンパまで流れてしまったらどうしよう)

家族がフィリピン旅行に行きたいねと話していれば、

(わたしは行けるのかな)

「進行してしまっているかもしれない恐怖」と「未来がないかもしれない恐怖」に、神経質になっていました。

ただ……、不思議なものでこの時期、心の中ではつながっていたけれど、なかなか会うことのなかった「友達」に、久しぶりに機会に恵まれていました。まるで引き寄せられたように。おかげで「子宮頸がん」のことを話すことができました。「子宮頸がんの検診に行ってほしい」と伝えることもできました。

そんな友達がこの本を書くにあたって、わたしに対して抱いている印象を教えてくれました。先に書いたよく「ありがとう」を言うこと。そしてもうひとつ、別れるときに姿が見えなくなるまで見送り、必ず「またね」と言うことでした。

ここまで読んでいただければ分かるとおり、わたしには「いつ会えなくなるか分からない」「最後かもしれない」という思いが常にあります。

それでもわたしは、絶対にまた会いたいから「バイバイ」ではなく「またね」と笑顔で手を振るようにしています。これは老若男女問わず同じで、友達の子どもと遊んだ後に「バイバイ」と言うととても寂しい顔をするんですが、「またね」や「またすぐにね」と言うとちょっと納得してくれます。


この本を書きながら思ったことがあります。

大切な人に笑顔で「またね」と言えていますか？

伝えたい愛を伝えられていますか？

例えば、ケンカの勢いでひどいことを言ってそのまま、二度と会えなくなる。そんな可能性はゼロじゃないんです。あのとき、最後だと分かっていたら本当はもっと伝えたいことがあったはず。優しくできたはず……。

いなくなられたら絶対に嫌だ――そんな大切な人に本当に伝えたいことを「いま」伝えてほしい。

死を身近に感じたことで、その思いは一層強くなりました。

「またね」と、笑顔で言うことは「また会える」というわたしの願掛けなのかもしれません。

MARYJUN TAKAHASHI

Word.

/

30

できる、と思っているのであればそれが正しい

がんを宣告され、「死」というものを身近に感じたことで変わった世界が、確かに存在しました。

それは悪いものばかりではありません。


散歩をすることが増えました。

木や花に目を奪われるようになりました。

見える景色が愛しいんです。

まるで新しいメガネを手にしたかのように。

散歩しながら、たまにひとりで笑っていたりします。

季節の移り変わりの中で、いまここにわたしが存在すること、心臓が動いていること、大好きな人たちも生きていて、同じ時間を刻んでいると思うとうれしくて、ついジーンとしちゃうんです。


自分の人生だけでなく人の人生をも愛おしく感じられるようになりました。

当たり前のことですが、どの人にも人生があって、全然違う道を歩いてきた。

それなのに、「いまここで」出会えている。その「接点」がとてもうれしいんです。

生きることを諦めたくなくなりました。

「人生一度きり。行きたいところへ行こう。会いたい人に会おう」

そう思います。そしてこの世界には、自分よりも大切な人がいることを再認識しました。それはわたしを愛してくれ、わたしが愛する人です。その人のために生きようと強く思えます。

それこそがわたしのために生きることだからです。

よりたくましくてかっこいい母親になりたいと思うようになりました。

精神的にも成長をして、未来の自分の子どもに恥ずかしくない生き方をしたい。何か選択に迫られたときには「どっちがかっこいい？」と自問自答しています。

一方で、大変なことを経験するたびに、どんどん「諦める」という選択がなくなりました。

やりたいことがあったとき「できる？」「できない？」と聞かれたら「できる」

と言える人に。「叶う?」「叶わない?」と聞かれたら「叶う」と言える人でありたい。

無責任だと思われるかもしれないけど、人の夢も「叶うよ」って言うようにしていきます。明るい未来があるのにそれを勝手に暗くしちゃうなんてもったいないし、未来に申し訳ないと思います。

たとえ100人中100人が「できない」と言ったとしても、自分自身が「できる、叶う」って少しでも思っているならそれが正しいし、間違ってないと思うのです。

昔よく父に言われていました。

「人生は山あり谷ありなんやけど、辛い時は自転車で坂登ってるねんな。でも頑張って登ったら綺麗な景色見えて、帰りの下り坂は気持ちえーでー!」

だから、つらいときは「いまは下り坂を楽しむための登り坂やねんな……」と思うようにしています。

どんなつらいことがあっても、幸せになるために生まれてきたことを忘れないでほしいし、幸せになることを諦めないでほしい。

Difficult?　Yes. Impossible? …No.

あなたも、それを支える周りのみんなも。

愛おしくて大好きな家族

おわりに

２０１７年12月31日。

スリッパがないと命取りになりそうなほど寒い実家。カウントダウンを間近に迎えて、久々に家族６人が狭い実家に勢ぞろいしました。

母が「お姉ちゃん、これ持っていって！　優ちゃん、お父さんにビール！」と夕食の準備でせわしなく動き回り、父は家族の昔のビデオを流しながらリビングの子どもたちをビール片手に見守っています。もう、目と笑いジワが一緒になるくらいの笑顔で。

火をかけた鍋はぐつぐつと音を鳴らし、湯気を立てていました。

――寒いのに、あったかい。

ふと、あの日に似ているな、と思い出しました。

「しし座流星群」

その名前を初めて聞いた２００１年。我が家の庭には、寝ているところを母に起こされた家族６人がいました。パジャマのままで。冬の始まりの頃だったと思います。寒くて寒くて仕方がなかったところに、母が用意してくれたホットココアは体の芯から温まるようでした。

空を見上げると、見たことがない数の流れ星。

6人の声が揃います。

「わあ！」

父が言いました。

「みんな、ちゃんと願いごとしーや！」

わたしは目をつぶって、温かいココアを両手に感じながら願いごとをしました。

「みんな、何、お願いしたん？」

と、両親。

子どもたちは人差し指を口に当てて、

「ひみつー！」

とはしゃいでいます。

家族みんな、笑っていました。

思い出して笑顔になれる過去がわたしにはあります。

だから、わたしの「不幸」がひとつ欠けたとして――わたしの人生がいまより幸福だったとは思いません。

それはわたしだから、ということではないと思います。

なんでもない、ささいなことに幸せがつまっている、と気付かされる機会に恵まれました。それがたとえ人から見たら「不幸」に見えることだとしてもです。

考え方ひとつ、自分の立つ場所ひとつでそれは誰にだってできる。「幸せな未来を生きる」ことができる処方箋です。

難しいことは確かにある。

でも、不可能じゃない。


高橋家のダイニングには、今日も笑い声が響いています。

本書を読んで、少しでも「幸せな未来」を生きようと思ってくれる人がいればこれほどうれしいことはありません。


最後に、いつもわたしを応援してくれているみなさん、仕事のスタッフ、友人、そして家族みんな。いつもありがとう。

わたしがこの一冊に託したメッセージが、ひとつでも多くのみなさんに届くことを願って。

2018年1月吉日

高橋メアリージュン

Difficult? Yes,

Impossible? ...NO.

高橋メアリージュン

Maryjun Takahashi

— *profile* —

1987年11月8日生まれ。滋賀県出身。「横浜・湘南オーディション」でグランプリを獲得し、芸能界デビュー。2006年3月からファッション誌「CanCam」の専属モデルを務める。2012年、NHK連続テレビ小説「純と愛」で女優デビュー。以降、映画、ドラマ、舞台などで活躍の幅を広げる。主な出演作品に映画「闇金ウシジマくん」、「るろうに剣心」などがある。また、2013年に難病・潰瘍性大腸炎を患っていることを公表。本書で子宮頸がんに罹患していたことを告白。

オフィシャルブログ　https://ameblo.jp/maryjun/

Difficult? Yes. Impossible? ...No.

わたしの「不幸」がひとつ欠けたとして

高橋メアリージュン

2018年2月1日　初版第一刷発行

構成／小林久乃

写真／杉田裕一

装丁・本文デザイン／mashroom design
（アートディレクション　松浦周作，デザイン　石澤 縁）

Stylist／松野下直大

Hair & Make／山口理沙

協力／エイジアプロモーション

発行者／栗原武夫

発行所／KKベストセラーズ
東京都豊島区南大塚二丁目二十九番七号 〒170-8457
電話 03-5976-9121（代表）

印刷所／近代美術

製本所／ナショナル製本

DTP／オノ・エーワン

JASRAC 出 1715499-701

ISBN978-4-584-13844-1　C0095